本書の特色と使い方

JN077797

この本は，算数の文章問題と図形問題を集中的に学習できる画期的な　　　　で，さらに力をのばしたい人も，1日1単元ずつ学習すれば30日間でマスター　　きます。

① 例題と「ポイント」で単元の要点をつかむ

各単元のはじめには，空所をうめて解く例題と，そのために重要なことがら・公式を簡潔にまとめた「ポイント」をのせています。

② 反復トレーニングで確実に力をつける

数単元ごとに習熟度確認のための「まとめテスト」を設けています。解けない問題があれば，前の単元にもどって復習しましょう。

③ 自分のレベルに合った学習が可能な進級式

学年とは別の級別構成（12級〜1級）になっています。「しんきゅうテスト」で実力を判定し，選んだ級が難しいと感じた人は前の級にもどり，力のある人はどんどん上の級にチャレンジしましょう。

④ 巻末の「答え」で解き方をくわしく解説

問題を解き終わったら，巻末の「答え」で答え合わせをしましょう。「指導の手引き」には，問題の解き方や指導するときのポイントをまとめています。特に重要なことがらは「チェックポイント」にまとめてあるので，十分に理解しながら学習を進めることができます。

もくじ

文章題・図形 11級

本書に関する最新情報は，当社ホームページにある本書の「サポート情報」をご覧ください。（開設していない場合もございます。）

日

たし算で 考えよう

➡答えは65ページ

月　日

シール

えんぴつを, ゆうとさんは 36本, ちなつさんは 20本 もって います。2人 あわせて 何本に なりますか。

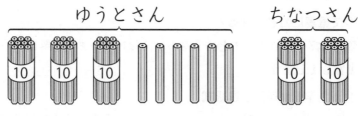

↓あわせる

ぜんぶで [10] が ①□ こと

（しき）36 ＋ ②□ ＝ ③□　（答え）④□

ポイント「あわせて いくつ」は たし算で もとめます。

1 くりひろいに 行きました。ゆきさんは 25こ, あきらさんは 32こ ひろいました。2人で 何こ ひろいましたか。

（しき）①□ ＋ ②□ ＝ ③□

```
   2 5
 +
```

ひっ算で して みよう。

（答え）④□

2 だがしやさんで 1つ 28円の せんべいと，1つ 52円の きなこもちを 1つずつ 買いました。だい金は いくらですか。

(しき) ①[　　] ＋ ②[　　] ＝ ③[　　]

(答え) ④[　　]

3 ちゅうりん場に 自てん車が 18台 とまって います。そこ へ 6台 来ました。ぜんぶで 何台に なりましたか。

(しき)

(答え) [　　]

4 図書室で かし出した 本の 数を しらべました。4月に か し出した 本は 67さつでした。5月は 4月より 28さつ ふえました。5月に かし出した 本の 数は 何さつですか。

(しき)

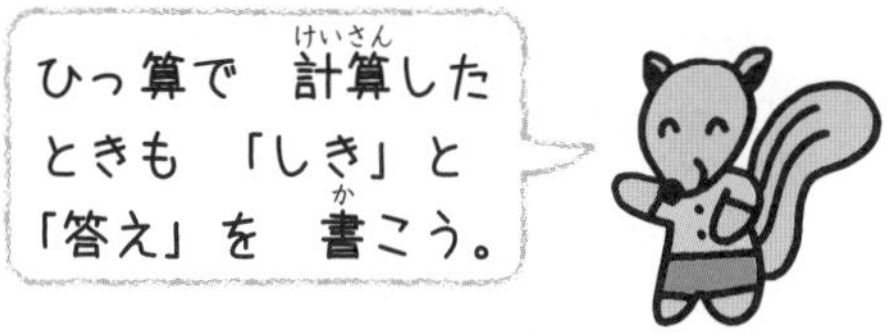

ひっ算で 計算した ときも 「しき」と 「答え」を 書こう。

(答え) [　　]

5 はたけに トマトが 46こ，なすが 73こ みのって います。 あわせて 何こ みのって いますか。

(しき)

(答え) [　　]

2日 ひき算で 考えよう

おり紙が 52まい あります。20まい つかうと 何まい
のこりますか。

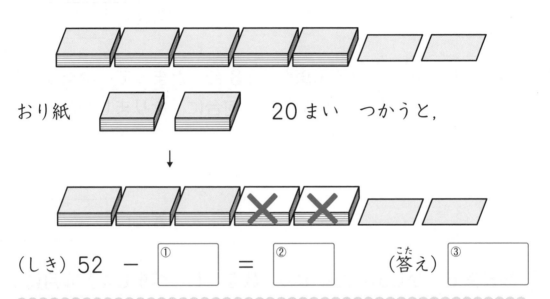

おり紙 　　　　　　　20まい つかうと,

↓

（しき） 52 － ①□ = ②□ 　（答え） ③□

ポイント 「のこりは いくつ」は, ひき算で もとめます。

---

1 家で ペットを かって いるか どうかを しらべました。
2年生 79人の うち, 28人が 家で ペットを かって
いました。ペットを かって いないのは 何人ですか。

（しき） ①□ － ②□ = ③□

$$\begin{array}{r} 7\,9 \\ - \\ \hline \end{array}$$

ひっ算で
して みよう。

（答え） ④□

4

2 公園で 子どもが 30人 あそんで います。その うち 7人が 帰りました。公園に のこって いるのは 何人ですか。

(しき) ① ☐ － ② ☐ ＝ ③ ☐

(答え) ④ ☐

3 花だんに チューリップが 53本 さいて います。その うち 赤色の 花は 18本で, のこりは 白色です。白色の 花の 数は 何本ですか。

(しき)

くり下がりに 気を つけよう。

(答え) ☐

4 バスに 60人 のって います。えき前で 26人 おりました。バスに のって いるのは 何人に なりましたか。

(しき)

(答え) ☐

5 127この どんぐりを, 兄と 弟で 分けます。弟が 82こ とりました。兄の どんぐりは 何こですか。

(しき)

(答え) ☐

3日 たし算と ひき算 (1)

(1) 赤い 花が 74本 あります。白い 花は, 赤い 花より
40本 少ないそうです。白い 花は 何本 ありますか。

赤い花	74	
白い花		40

（しき）74 [①□] 40 ＝ [②□]　（答え）[③□]

(2) りんごが 68こ あります。りんごは みかんより
35こ 少ないそうです。みかんは 何こ ありますか。

りんご	68	35
みかん		

（しき）68 [④□] 35 ＝ [⑤□]　（答え）[⑥□]

ポイント もんだい文を よく 読んで, たし算に なるか, ひき算に
なるかを 考えます。

---

1 画用紙を 25まい つかうと, のこりが 7まいに なりまし
た。画用紙は はじめ 何まい ありましたか。

（しき） 25 [①□] 7 ＝ [②□]

（答え） [③□]

2 遠足の 日に，2年生 110人の うち，13人が かぜや
けがで 休みました。遠足に 行った 人は 何人ですか。

(しき) 110 ①[   ] 13 = ②[   ]

(答え) ③[   ]

3 まいさんは おはじきを 78こ もって います。ゆみさんは
おはじきを まいさんより 16こ 多く もって います。
ゆみさんは おはじきを 何こ もって いますか。
(しき)

(答え) [   ]

4 まき場に 馬が 124頭 います。
馬の 数は，牛の 数より 47頭
多いそうです。牛は 何頭 いますか。
(しき)

馬と 牛，
どちらの 数が
多いかな

(答え) [   ]

5 今日，アイスクリームが 76こ 売れました。今日 売れた
アイスクリームの 数は，きのうより 24こ 少なかったそう
です。きのう 売れた アイスクリームは 何こでしたか。
(しき)

(答え) [   ]

たし算と ひき算 (2)

→答えは66ページ

月　日

(1) けんじさんは　110円, こうたさんは　86円　もって
　　います。けんじさんは　こうたさんより　何円　多く　も
　　って　いますか。

けんじ　110
こうた　86

(しき) 110 ① 86 = ② （答え） ③

(2) まき場に　ひつじが　48頭, やぎが　76頭　います。
　　どちらが　何頭　多いですか。

ひつじ　48
やぎ　76

(しき) ④ － ⑤ = ⑥

（答え） ⑦ が ⑥ 頭　多い。

ポイント　「数の　ちがい」は, 大きい　数から　小さい　数を
ひいて　もとめます。

1 花を　買いに　行きました。ユリは　1本　88円で, バラは
　　1本　136円です。バラは　ユリより　何円　高いですか。
　　(しき)

（答え）

2 いちごがりに 行きました。かなさんは 106こ，ゆいさんは 87こ とりました。どちらが 何こ 多く とりましたか。

(しき)

(答え) 　　　　　　　　　　　　　

3 150円 もって 買いものに 行き，ノートを 買った ところ 55円 のこりました。ノートの ねだんは 何円ですか。

(しき)

(答え) 　　　　　　

4 えんぴつを 48本 くばると，72本 のこりました。えんぴつは はじめ 何本 ありましたか。

(しき)

(答え) 　　　　　

5 池に 鳥が 77わ いました。何わか とんで 行ったので，のこりは 49わに なりました。

(1) とんで 行った 鳥の 数を もとめます。しきと 答えを 書きましょう。

(しき)

(答え) 　　　　　

(2) とんで 行った 鳥の 数を もとめる ときの，たしかめの しきを 書きましょう。

5日　まとめテスト (1)

→答えは66ページ　　　　月　　日

時間 **20分**
[はやい15分・おそい25分]

得点

合格 **80点**　　　点

シール

① ちゅう車場に　バスが　46台, トラックが　26台　とまって
います。ぜんぶで　何台　とまって　いますか。(10点)
（しき）

（答え）

② たまごが　34こ　あります。ケーキを　つくるのに　何こか
つかうと, のこりが　17こに　なりました。つかった　たまご
は　何こですか。(10点)
（しき）

（答え）

③ カードを　姉と　妹の　2人で　分けます。姉が　29まい　と
り, 妹は　39まい　とりました。2人の　カードの　数の　ち
がいは　何まいですか。(10点)
（しき）

（答え）

④ 公園に　106人の　人が　います。そのうち　38人が　おと
なで, のこりは　子どもです。(1つ10点—20点)
(1) 公園に　いる　子どもは　何人ですか。
　（しき）

（答え）

(2) 答えを　たしかめる　しきを　書きましょう。

⑤ 色紙が あります。はじめに ツルを 61わ おり，のこりの 色紙で かぶとを おりました。おった かぶとは 39こでした。はじめに 色紙は 何まい ありましたか。(10点)

（しき）

（答え）

⑥ なわとびを しました。よしこさんは たまきさんより 15回 多く とびました。よしこさんが とんだ 回数は 37回です。たまきさんが とんだ 回数は 何回ですか。(10点)

（しき）

（答え）

⑦ のみもの 1本と おかし 1つを えらんで 買います。のみ ものの ねだんは，ジュースが 82円，お茶が 67円です。 おかしの ねだんは，せんべいが 29円，ビスケットが 41円， クッキーが 58円です。(1つ15点−30点)

(1) だい金が いちばん やすく なるように 買うには，どれ と どれを えらんで 買うと よいですか。

(2) けんさんは のみものに お茶を えらび，おかしに クッキーを えらぶと，もって いる お金で ちょうど 買う ことが できます。のみものに ジュースを えらんだとき， おかしで 買う ことが できるのは どれですか。ぜんぶ 書きましょう。

➡ 答えは67ページ

月　日

シール

6日 時こくと 時間 (1)

はるきさんが
家を 出ました。

バスに
のりました。

15分 のって えき
前に つきました。

(1) はるきさんが 家を 出てから バスに のるまでの 時
間は ① □ 分 です。

(2) えき前に ついた 時こくは ② □ 時 ③ □ 分です。

(3) 右上の 時計に 長い はりを かき入れましょう。

ポイント ある ときが いつかを あらわすのが「時こく」,
時こくと 時こくの 間の 長さが「時間」です。

1 ゆきさんは へやの そうじを しました。はじめてから おわ
るまでに 何分 かかりましたか。

はじめた 時こく　　おわった 時こく

2 電車に のって いた 時間
は 何分ですか。

のった 時こく　おりた 時こく

3 4時20分の　1時間前の　時こくと，30分後
の　時こくを　答えましょう。

1時間前

30分後

4 7時20分に　本を　読みはじめ，読みおわるの
に　40分　かかりました。本を　読みおわった
時こくを　答えましょう。

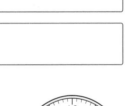

5 家を　出てから，25分　歩いて　4時50分に
公園に　つきました。家を　出た　時こくは　何
時何分ですか。

7日 時こくと　時間 (2)

朝，お店が	昼休みが	昼休みが	夕方，お店が
ひらきました。	はじまります。	おわりました。	しまりました。

(1) お店が　ひらいた　時こくは，午前 ① [　　] 時です。

(2) 正午から　昼休みです。昼休みは ② [　　] 時間です。

(3) お店が　しまった　時こくは　午後 ③ [　　] 時 ④ [　　] 分

です。

(4) 朝に　お店が　ひらいてから，夕方に　お店が　しまる

までの　時間は，⑤ [　　] 時間 ⑥ [　　] 分です。

ポイント　｜日の　中の　時こくは，「午前」，または　「午後」を
つけて　あらわすと　正しく　つたわります。

1　午前 ｜｜ 時に　新かん線に
のって，午後３時に　おりま
した。新かん線に　のって
いた　時間は　何時間ですか。

のった　時こく　おりた　時こく

[　　　　　　　]

2 音楽会が　午前 10 時に　はじまり，おわるまで
に　7時間　かかりました。おわった　時こくは
何ですか。午前，午後を　つかって　いいまし
ょう。

```
┌─────────────────────────┐
│                         │
└─────────────────────────┘
```

3 午前9時の　3時間前の　時こくと，6時間後の
時こくを，午前，午後を　つかって　いいましょ
う。

3時間前
```
┌─────────────────────────┐
│                         │
└─────────────────────────┘
```

6時間後
```
┌─────────────────────────┐
│                         │
└─────────────────────────┘
```

4 左の　時こくから　右の　時こくまでの　時間を　答えましょう。
(1) 午前　　　　　　　午後　　　　　(2) 午前　　　　　　　午後

```
┌─────────────────────────┐     ┌─────────────────────────┐
│                         │     │                         │
└─────────────────────────┘     └─────────────────────────┘
```

5 ひろしさんは，午前8時に　学校に　行き，午後3時に　学校を
出て　家に　帰りました。ひろしさんが　学校に　いた　時間は
何時間ですか。

```
┌─────────────────────────┐
│                         │
└─────────────────────────┘
```

8日 ひょうと グラフ (1)

クラスで　すきな　くだものを　しらべて　かくと，下のよう
に　なりました。

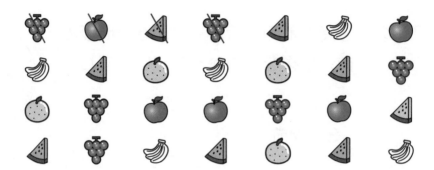

(1) はじめの　4人が　かいた　く
だものを，右の　グラフに　か
き入れました。つづけて　○を
かき入れて，グラフを　つくり
ましょう。

(2) くだものを　えらんだ　人の
数を，下の　ひょうに　まとめ
ます。それぞれの　くだものを
えらんだ　人数を　ひょうに
書き入れましょう。

すきな　くだものしらべ

		○		
○	○	○		
りんご	すいか	ぶどう	バナナ	みかん

すきな　くだものしらべ

くだもの	りんご	すいか	ぶどう	バナナ	みかん
人数(人)	5				

ポイント　グラフを　つくる　ときは，○を　１つ　かく　ごとに，
くだものに　１つずつ　しるしをつけて　いきます。

1 クラスで かいたい ペットを しらべました。

いぬ	ねこ	かめ
ことり	うさぎ	きんぎょ
ねこ	いぬ	ねこ
かめ	ねこ	うさぎ
うさぎ	ねこ	ことり
きんぎょ	いぬ	ねこ
ことり	ねこ	うさぎ
いぬ	いぬ	ことり
かめ	ねこ	いぬ
いぬ	うさぎ	ねこ

かいたい ペットしらべ

いぬ	ねこ	かめ	ことり	うさぎ	きんぎょ

(1) かいたい ペットと 人数を ○を つかって グラフに せいりしましょう。

(2) 答えた 人数が いちばん 多い ペットは 何ですか。

(3) かいたい ペットと 人数を ひょうに まとめましょう。

かいたい ペットしらべ

ペット	いぬ	ねこ	かめ	ことり	うさぎ	きんぎょ
人数(人)						

(4) 「ねこ」と 答えた 人数と,「うさぎ」と 答えた 人数の ちがいは 何人ですか。

9日 ひょうと グラフ (2)

えき前の 道を 通る 車の しゅるいと 台数を しらべて,
けっかを グラフと ひょうに せいりしました。

車の 台数しらべ

車の　しゅるい	じょう用車	オートバイ	バス	トラック	自てん車
台数(台)	9	6	5	2	7

(1) 台数が いちばん 多い 車は
何ですか。

①

(2) 台数が いちばん 少ない 車は
何ですか。

②

ポイント グラフの 〇の 高さを 見ると,
多い 少ないが わかります。

(3) 台数が 6台の 車は 何ですか。

③

車の 台数しらべ

じょう用車	オートバイ	バス	トラック	自てん車
〇				
〇				
〇				〇
〇	〇			〇
〇	〇	〇		〇
〇	〇	〇		〇
〇	〇	〇		〇
〇	〇	〇	〇	〇
〇	〇	〇	〇	〇

(4) バスと トラックの 台数の ちがいは 何台ですか。

④

ポイント 車の 台数は,ひょうの 数字を 見て しらべます。

2年生で, すきな おかしを 1人 1つずつ 答えて もらい, けっかを グラフに せいりしました。

すきな おかししらべ

(1) すきな 人が いちばん 多い おかしは 何ですか。

(2) すきな 人が いちばん 少ない おかしは 何ですか。

(3) すきと 答えた 人が 同じ 数に なった おかしは, どれと どれですか。

グラフ縦軸項目: クッキー　プリン　せんべい　ラムネ　ケーキ　ゼリー

(4) すきと 答えた 人が 6人の おかしは 何ですか。

(5) けっかを 下の ひょうに まとめます。それぞれの おかしを えらんだ 人数を 書き入れましょう。

すきな おかししらべ

おかし	クッキー	プリン	せんべい	ラムネ	ケーキ	ゼリー
人数(人)						

(6) 「プリン」と 答えた 人は, 「ラムネ」と 答えた 人より 何人 多いですか。

① 右の　時計は，学校の　昼休みが　はじまる　時こくを　さして　います。つぎの　時こくや　時間を　答えましょう。時こくは　午前，午後を　つかって　書きましょう。（1つ10点—30点）

(1) 2時間前の　時こくを　答えましょう。

(2) 4時間後の　時こくを　答えましょう。

(3) 昼休みは　午後1時までです。昼休みは　何分間ですか。

② 遠足で　山に　のぼりました。のぼりはじめてから　ちょう上に　つくまでに　何時間何分　かかりましたか。（10点）

のぼりはじめた　ちょう上に
時こく　　　　　　ついた　時こく

③ ある日，たけしさんは　午前6時に　おきて，午後9時に　ねました。おきてから　ねるまでの　時間は　何時間ですか。（10点）

4 ゆみさんの クラスで, どうぶつ園で 見たい どうぶつの 絵
を １人 １つずつ かきました。(1つ10点—50点)

(1) 見たい どうぶつの 数を, ○を
つかって 右の グラフに せい
りしましょう。

(2) 絵を かいた 人が いちばん
多い どうぶつは 何ですか。

(3) キリンを かいた 人と ぞうを
かいた 人は, どちらが 多いで
すか。

見たい どうぶつしらべ

と ら	キ リ ン	ラ イ オ ン	ぞ う	さ る

(4) どうぶつの 絵を かいた 人の 数を, 下の ひょうに
まとめましょう。

見たい どうぶつしらべ

どうぶつ	とら	キリン	ライオン	ぞう	さる
人数(人)					

(5) ゆみさんの クラスの 人数は, ぜんぶで 何人ですか。

➡答えは69ページ

月	日

シール

11日 3つの 数の 計算 (1)

公園に とらねこが 7ひき います。
そこへ 白ねこが 6ぴき 来ました。
つぎに, 黒ねこが 4ひき 来ました。
みんなで 何びきに なりましたか。

(1) 来た じゅんに 考えると, 先に 白ねこが 6ぴき 来

たので, 7+①□=13 (びき)

その あと, 黒ねこが 4ひき 来たので, ぜんぶで,

13+②□=③□ (ひき)

これを 1つの しきに 書くと,

(しき) 7+6+4=④□　　　　　(答え) ⑤□

(2) あとから 来た 白ねこと 黒ねこの 数を さきに た

すと, 6+⑥□=10 (ぴき)

さきに いた とらねこの 数と あとから 来た ねこ

の 数を たすと, 7+⑦□=⑧□ (ひき)

これを 1つの しきに 書くと,

(しき) 7+(6+4)=⑨□　　　　(答え) ⑩□

ポイント しきで, ( )の 中は 先に 計算します。たし算では, たす
じゅんじょを かえて 計算しても 答えは 同じに なります。

1 ちゅうりん場に 自てん車が 19台 とまって います。そこ
へ 7台 入って 来ました。また，3台 入って 来ました。

(1) 入って きた 自てん車は，あわせて 何台ですか。

(しき) | ① | + | ② | = | ③ |

(答え) | ④ |

(2) 自てん車は ぜんぶで 何台 とまって いますか。

(しき) | ⑤ | + | ⑥ | = | ⑦ |

(答え) | ⑧ |

2 90円 もって います。先に 45円の えんぴつを 買い，
つぎに 25円の 画用紙を 買いました。

(1) つかった おかねは 何円ですか。

(しき) | ① | + | ② | = | ③ |

(答え) | ④ |

(2) のこりの おかねは 何円ですか。

(しき) | ⑤ | − | ⑥ | = | ⑦ |

(答え) | ⑧ |

3 どんぐりを 38こ もって います。朝 15こ あつめ，夕
方にも 5こ あつめました。どんぐりは ぜんぶで 何こに
なりましたか。1つの しきに 書いて 答えを もとめましょう。

(しき)

(答え) | |

12日 3つの 数の 計算 (2)

(1) つばめが 15わ います。しばらく して, 9わ とんで
来ましたが, その あと 7わ とんで 行きました。
いま 何わ いますか。

●じゅんに 考えて, 9わ 来たから, 15+9=［①□］ (わ)

7わ とんで 行ったから, ［①□］−7=［②□］ (わ)

●つばめの 数は 何わ ふえたかを 考えると,

ふえた つばめの 数は, ［③□］−7=［④□］ (わ)

はじめに 15わ いたから, 15+［④□］=［⑤□］ (わ)

1つの しきに 書くと, 15+(9−［⑥□］)=［⑦□］

(答え) ［⑧□］

ポイント ふえたり へったり した 数を まとめて 考えると
もんだいが わかりやすく なったり, 計算が
かんたんに なったり する ことが あります。

(2) みなとに 船が 24せき います。そこへ 9せき 入
って 来ましたが, その あと 12せき 出て 行きまし
た。いま 船は 何せき いますか。

へった 船の 数を 考えて 1つの しきに 書くと,

24−(12−［⑨□］)=［⑩□］　　(答え) ［⑪□］

1 公園に 子どもが 7人 います。そこへ 8人 来ましたが, 5人 帰りました。いま 子どもは 何人 いますか。

(1) ☐に あう 数を 書きましょう。

子どもは 8人 来て, 5人 帰ったので, ①☐人 ふえて います。はじめは 7人だから いまは ②☐人 います。

(2) いま 子どもは 何人 いますか。1つの しきに 書いて 答えを もとめましょう。

(しき)

(答え) ☐

2 色紙を 12まい もって います。お母さんから 6まい もらいましたが, 妹に 4まい あげました。色紙は 何まいに なりましたか。1つの しきに 書いて 答えを もとめましょう。

(しき)

(答え) ☐

3 車が 27台 とまって います。15台 入って 来ましたが, そのあと 18台 出て 行きました。車は 何台に なりましたか。1つの しきに 書いて 答えを もとめましょう。

(しき)

車は ふえたのかな? へったのかな?

(答え) ☐

➡答えは70ページ　月　日　シール

13日 長　さ

白い　テープの　長(なが)さは　7 cm 6 mm で，青い　テープの　長さは　4 cm 3 mm です。

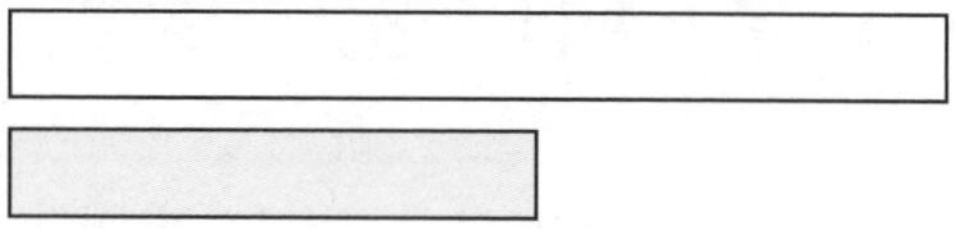

(1) あわせた　長さは　何(なん) cm 何 mm ですか。

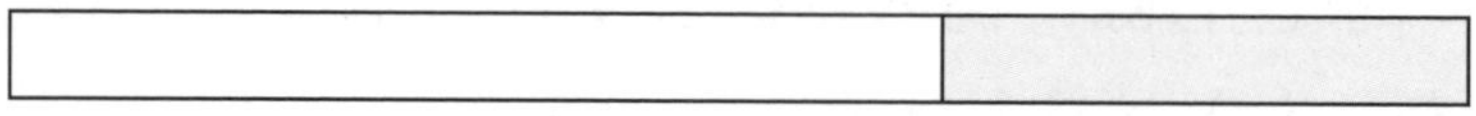

（しき）7 cm 6 mm ①□ 4 cm 3 mm＝②□

（答(こた)え）②□

ポイント 長さの　たし算(ざん)や　ひき算では，同(おな)じ　たんいの　数(かず)どうしを　たしたり，ひいたりします。

(2) 長さの　ちがいは　何 cm 何 mm ですか。

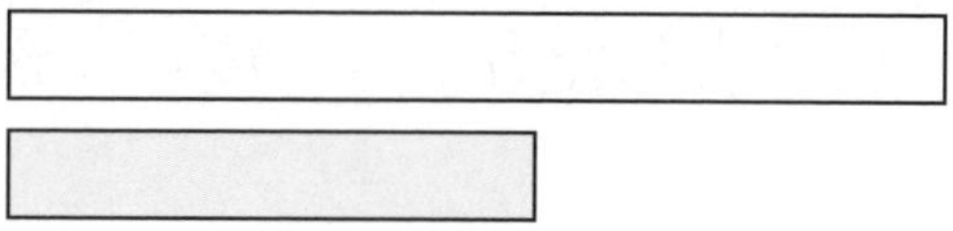

（しき）7 cm 6 mm ③□ 4 cm 3 mm＝④□

（答え）④□

1 □に　あう　数(かず)を　書(か)きましょう。

(1) 6 cm＝①□mm　　(2) 4 cm 7 mm＝②□mm

(3) 100 mm＝③□cm

(4) 58 mm＝④□cm ⑤□mm

2 きのう あさがおの つるの 長さを はかると, 29 cm 7 mm でした。今日は きのうより 3 cm のびました。つるの 長さは 何 cm 何 mm に なりましたか。
（しき）

（答え）

3 えんぴつの 長さは 14 cm 5 mm で, サインペンの 長さは えんぴつより 3 cm 2 mm みじかいそうです。サインペンの 長さは 何 cm 何 mm ですか。
（しき）

（答え）

4 長さ 20 cm の リボンが あります。7 cm 4 mm つかうと のこりは 何 cm 何 mm に なりますか。
（しき）

どう すれば mm の 計算が できるかな。

（答え）

5 白い テープの 長さは 8 cm 4 mm, 赤い テープの 長さは 5 cm 6 mm です。つぎのように テープを おいた ときの ㋐～㋒の 長さを もとめましょう。

3cm2mm

シール

14日 水の　かさ

水が　かんに　3L4dL，びんに　1L2dL　入って　います。

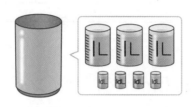 

(1) かんと　びんに　入って　いる　水の　かさを　あわせる
と，何L何dL ですか。

(しき) 3L4dL ＋ 1L2dL ＝ ┌①──────┐

(答え) ┌①──────┐

(2) かんと　びんに　入って　いる　水の　かさの　ちがいは
何L何dL ですか。

(しき) 3L4dL － 1L2dL ＝ ┌②──────┐

(答え) ┌②──────┐

ポイント　かさの　たし算や　ひき算では，同じ　たんいの
数どうしを　たしたり，ひいたりします。

1 □に　あう　数を　書きましょう。

(1) 2dL＝┌①──┐mL　　(2) 5L＝┌②──┐dL

(3) 60dL＝┌③──┐L　　(4) 72dL＝┌④──┐L┌⑤──┐dL

2 水が バケツに 9L8dL 入って います。その うち
2L6dL を かんに うつしました。バケツに のこった
水は 何L何dL ですか。
（しき）

（答え）

3 牛にゅうを 8dL のみましたが, まだ 6dL のこって い
ます。牛にゅうは はじめ 何L何dL ありましたか。
（しき）

10dL=1L から
考えよう。

（答え）

4 かんに とりょうが 3L9dL 入って います。そこへ と
りょうを 4L6dL つぎたしました。かんの とりょうは
何L何dL に なりましたか。
（しき）

（答え）

5 水が やかんに 5L 入って います。
3dL くみ出すと, やかんの 水は 何L
何dL に なりますか。
（しき）

1L=10dL だから,
5L=4L10dL と
考えられるよ。

（答え）

まとめ テスト (3)

①，④，⑤，⑦は １つの しきに 書いて 答えを もとめましょう。

① おはじきを 35こ もって います。お姉さんから 16こ もらって，妹に 14こ あげました。おはじきは 何こに なりましたか。(10点)

(しき)

(答え)

② 花だんの ヒヤシンスの 高さは 16cm5mm，スミレの 高さは 9cm8mmです。高さの ちがいは 何cm何mm ですか。(10点)

(しき)

(答え)

③ 水そうに 水が 34L2dL 入って います。そこへ 水を 6L5dL 入れました。水は ぜんぶで 何L何dLに なりましたか。(10点)

(しき)

(答え)

④ ひよこが 75わ います。きのう 16わが たまごから かえって ひよこに なり，今日は 14わが ひよこに なりました。ひよこは ぜんぶで 何わに なりましたか。(10点)

(しき)

(答え)

5 電車に きゃくが 53人 のって います。えきで 18人 おりて，22人 のって きました。いま 電車に きゃくは 何人 のって いますか。(10点)

（しき）

（答え） 　　　　　　

6 ノートの たての 長さは 25cm7mm で，よこの 長さは 18cm2mm です。同じ ノート 3さつを 図のように ならべました。⑦〜⑦の 長さを 答えましょう。(1つ10点—30点)

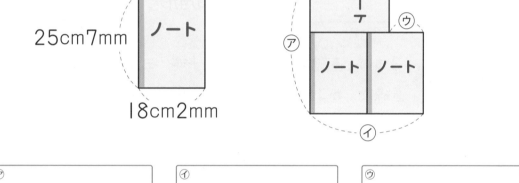

25cm7mm

18cm2mm

⑦	⑦	⑦

7 くりを 120こ もって います。りすに 27こ，さるに 23こ あげました。くりは 何こ のこって いますか。(10点)

（しき）

（答え） 　　　　　　

8 車に ガソリンが 40L 入って います。今日 16L3dL つかいました。ガソリンは 何L何dLに なりましたか。(10点)

（しき）

（答え）

→答えは71ページ

月　日

シール

16日 三角形と　四角形（1）

三角形（さんかくけい）を　2つ，四角形（しかくけい）を　2つ　えらびましょう。

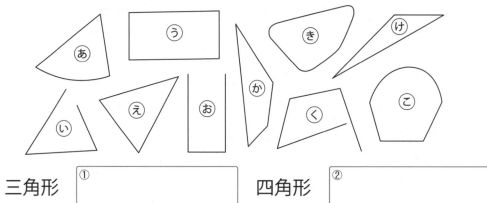

三角形 ①␣␣␣␣␣␣␣␣␣␣␣␣␣␣　　四角形 ②␣␣␣␣␣␣␣␣␣␣␣␣␣␣

ポイント　3本の　直線（ちょくせん）で　かこまれた　形（かたち）を　三角形，4本の　直線で　かこまれた　形を　四角形と　いいます。

1　□に　あう　数（かず）を　書（か）きましょう。

三角形には　辺（へん）が　①□□本，

ちょう点（てん）が　②□□つ，

四角形には　辺が　③□□本，

ちょう点が　④□□つ　あります。

まわりの　直線の　ところを　辺，かどの　点を　ちょう点と　いうよ。

2　かどが　直角（ちょっかく）に　なって　いる　ものを　2つ　えらびましょう。

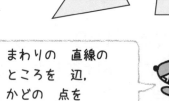

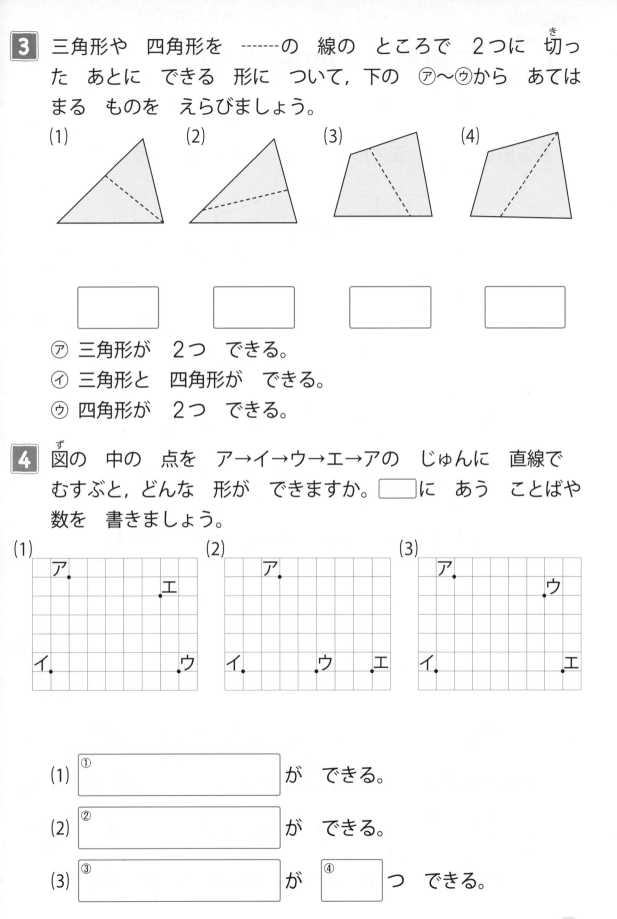

3 三角形や　四角形を　------の　線の　ところで　2つに　切った　あとに　できる　形に　ついて，下の　㋐～㋒から　あてはまる　ものを　えらびましょう。

(1) (2) (3) (4)

㋐　三角形が　2つ　できる。

㋑　三角形と　四角形が　できる。

㋒　四角形が　2つ　できる。

4 図の　中の　点を　ア→イ→ウ→エ→アの　じゅんに　直線で　むすぶと，どんな　形が　できますか。□に　あう　ことばや　数を　書きましょう。

(1) (2) (3)

(1) ① ［　　　　　　　　］が　できる。

(2) ② ［　　　　　　　　］が　できる。

(3) ③ ［　　　　　　　　］が　④［　　　］つ　できる。

シール

17日 三角形と　四角形 (2)

長方形を　2つ, 正方形を　2つ　えらびましょう。

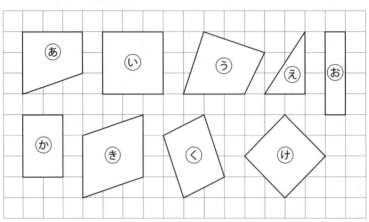

長方形 ①

正方形 ②

ポイント

4つの　かどが　みんな　直角の　四角形を　長方形,
4つの　かどが　みんな　直角で, 4つの　辺の
長さが　みんな　同じ　四角形を　正方形と　いいます。

1 □に　あう　数や　ことばを　書きましょう。

にて　いる　ところと,
ちがう　ところを
あげて　みよう。

(1) 長方形の　4つの　かどは　みんな ① です。

(2) 長方形には　同じ　長さの　辺が ② 組　あります。

(3) 正方形の　4つの　かどは　みんな ③ で, 4つの

辺の ④ は　みんな　同じに　なって　います。

2 つぎの 図の うち，直角三角形を 3つ えらびましょう。

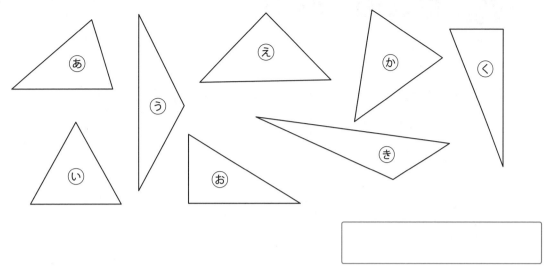

3 図の 中の 点を ア→イ→ウ→エ→アの じゅんに 直線で
むすぶと，どんな 形が できますか。

(1)　　　　　　　　(2)　　　　　　　　(3)

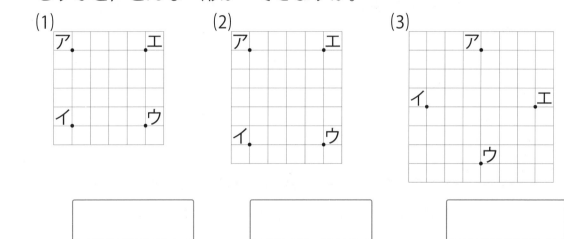

4 長さ 10cmの 1本の ぼうを 4つに 切って，長方形を
つくります。はしから 3cmの ところで 切って，3cmの
辺を 1本 とりました。のこりの ぼうを 3つに 切る
とき，長さを どのように 切れば よいですか。

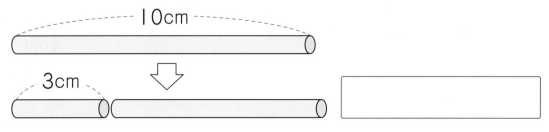

18日 はこの 形 (1)

右の はこの 形に ついて 答えましょう。

(1) ちょう点は ぜんぶで いくつ ありますか。
①

(2) 辺は ぜんぶで 何本 あります すか。
②

(3) 面は ぜんぶで いくつ ありますか。
③

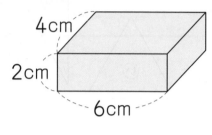
4cm
2cm
6cm

(4) つぎの 形の 面は, それぞれ いくつ ありますか。

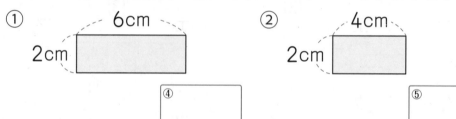

① 6cm
2cm

② 4cm
2cm

④

⑤

ポイント はこの 形には, 同じ 長さの 辺が 4本ずつ 3組, 同じ 形の 面が 2つずつ 3組 あります。

1 右の さいころの 形に ついて 答えましょう。

(1) 辺は 何本 ありますか。

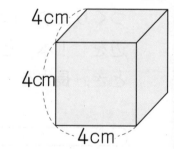
4cm
4cm
4cm

(2) 面は どんな 形ですか。

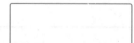

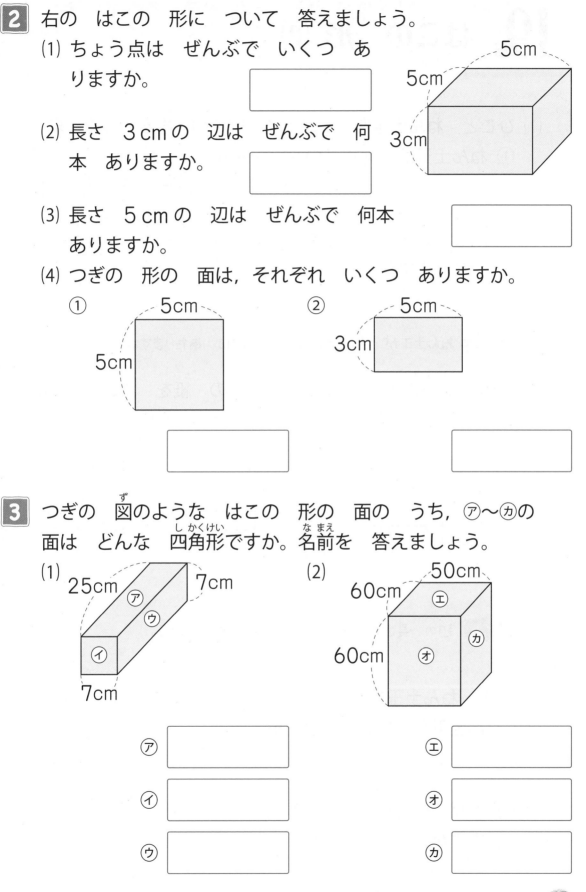

2 右の はこの 形に ついて 答えましょう。

(1) ちょう点は ぜんぶで いくつ ありますか。

(2) 長さ 3cmの 辺は ぜんぶで 何本 ありますか。

(3) 長さ 5cmの 辺は ぜんぶで 何本 ありますか。

(4) つぎの 形の 面は, それぞれ いくつ ありますか。

① 5cm 5cm 5cm

② 5cm 3cm

3 つぎの 図のような はこの 形の 面の うち, ⑦～⑰の 面は どんな 四角形ですか。名前を 答えましょう。

(1) 25cm ⑦ 7cm ⑦ ⑦ 7cm

(2) 50cm 60cm ⑨ ⑦ 60cm ⑦

⑦

⑦

⑦

⑨

⑦

⑦

19日 はこの　形（2）

(1) ひごと　ねん土玉を　つかって，はこの　形を　つくります。

① ねん土玉は　何こ　つかいますか。

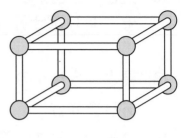

② 同じ　長さの　ひごを　何本ずつ
つかいますか。

ポイント　ねん土玉が　ちょう点，ひごが　辺に　あたります。

(2) 下の　長方形を　組みあわせた　形の　紙を　つかって　は
この　形を　つくると，⑥〜⑦の　どの　形に　なりますか。

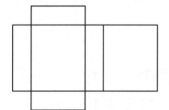

⑥ 　　い 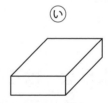　　⑦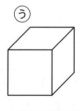

③

ポイント　辺の　長さや　面の　形に　目を　つけましょう。

1 ひごと　ねん土玉を　つかって，はこの　形を　つくります。

(1) ねん土玉を　何こ　つかいますか。

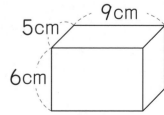

(2) 長さが　5cmの　ひごは　何本　つか
いますか。

2 はこの 形を つくるのに，長方形や 正方形の 紙を 切りとり，図のように ならべて テープで つなぎました。
それぞれの はこの 形を つくると，㋐～㋒の どの 形に なりますか。

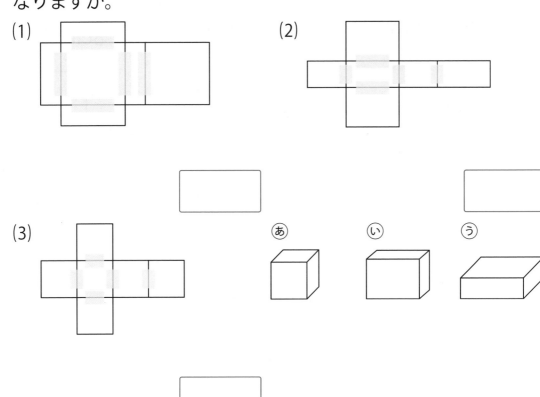

(1)

(2)

㋐

㋑

㋒

(3)

3 長方形の 紙を 下の 図のように ならべて テープで つなぎ，はこの 形を つくると 右の 図のように なりました。
下の 図の ㋐～㋒の 長さは 何cm ですか。

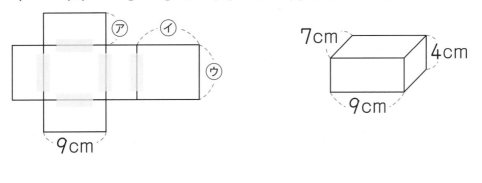

㋐

㋑

㋒

まとめテスト (4)

➡ 答えは73ページ

月　日

時間 **20分**
【はやい15分・おそい25分】
合格 **80点**

得点

シール

点

1 右の　はこの　形に　ついて　答えましょう。（1つ6点－24点）

(1) ちょう点は　いくつ　ありますか。

(2) 長さが　8cmの　辺は　何本　ありますか。

(3) 面は　ぜんぶで　いくつ　ありますか。

(4) あの　面は　何と　いう　四角形ですか。

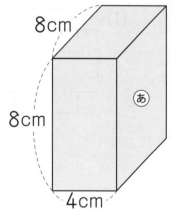

2 つくえの　上に　3つの　はこの　形が　おいて　あります。これらの　はこの　形の　見えて　いる　それぞれの　3つの　面を　紙に　うつしとりました。あう　ものを　きごうで　答えましょう。（1つ6点－18点）

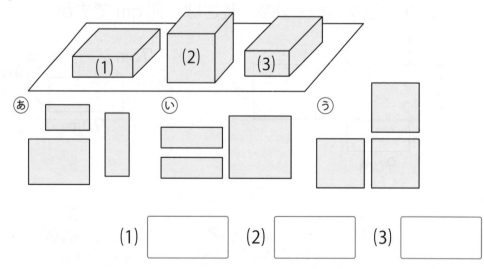

(1) 　　　　　(2) 　　　　　(3)

❸ 長方形や 正方形を ------の 線の ところで 2つに 切った あとに できる 形に ついて，□に あう ことばを 下の ┊┄┄┊ から えらんで 書きましょう。同じ ことばを 何回 つかっても かまいません。(1つ6点-30点)

(1)   (2) 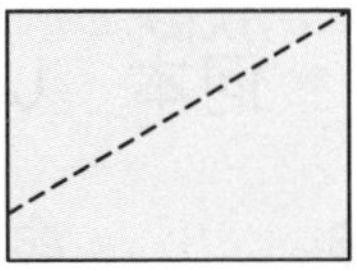   (3) 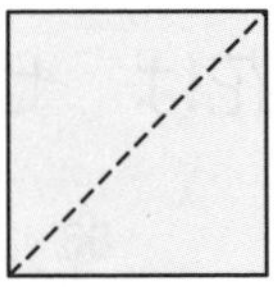   (4)

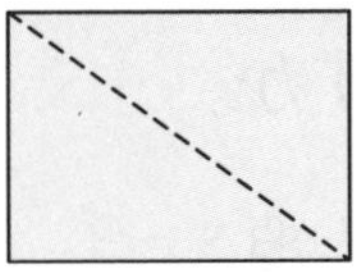

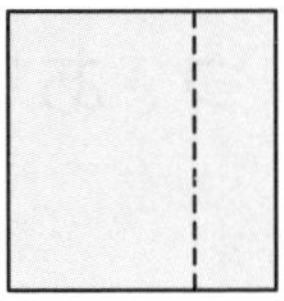

(1) ① [　　　　　] が 2つ できる。

(2) ② [　　　　　] と ③ [　　　　　] が

できる。

(3) ④ [　　　　　] が 2つ できる。

(4) ⑤ [　　　　　] が 2つ できる。

┌─────────────────────────────────┐
│ 四角形　　長方形　　正方形　　直角三角形 │
└─────────────────────────────────┘

❹ 下の 図のような はこの 形から，それぞれ 形の ちがう 3つの 面を うつしとりました。㋐〜㋓の 長さは それぞれ 何cm ですか。(1つ7点-28点)

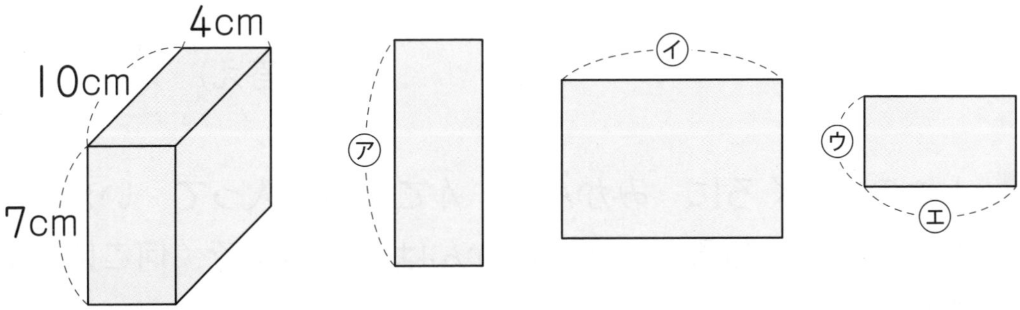

㋐ [　　　　] ㋑ [　　　　] ㋒ [　　　　] ㋓ [　　　　]

21日 かけ算で 考えよう (1)

21日 かけ算で 考えよう (1)

3 Iつの はこに ケーキが 5こずつ 入って います。3はこ
では, ケーキは 何こに なりますか。

(しき)

(答え)

4 コロッケが 6つずつ のって いる さらが 3さら ありま
す。コロッケは 何こに なりますか。

(しき)

(答え)

5 Iそうの ボートに 子どもが 4人ずつ のって います。ボ
ートは 5そう あります。子どもは 何人 いますか。

(しき)

4人ずつの
5つ分だね。

(答え)

6 ノートを I人に 3さつずつ くばります。8人に くばると,
ノートは 何さつ いりますか。

(しき)

3さつずつの
いくつ分かな。

(答え)

7 4人ずつ すわれる 長いすが あります。長いすが 7きゃく
あると, 何人が すわれますか。

(しき)

(答え)

22日 かけ算で　考えよう (2)

くりを　1人に　9こずつ　6人に　くばる　よていでしたが，
1人　ふえて　7人に　くばる　ことに　なりました。くりを
あと　何こ　よういすれば　よいですか。□に　あう　数
を　書きましょう。

6人に　くばる　くりの　数は，9×①□ ＝②□（こ）

7人に　くばる　くりの　数は，9×③□ ＝④□（こ）

くばる　人数が　1人　ふえると，くりの　数は　1人分の

数の　⑤□　こだけ　ふえます。　　　　（答え）⑥□

ポイント　かける数が　1　大きく　なると，答えは
かけられる数だけ　大きく　なります。

1 4×7の　答えは，4×6の　答えより　いくつ　大きいですか。

2 3×7と　同じ　答えに　なる　九九を　答えましょう。

3 答えが　18に　なる　九九を　4つ　書きましょう。

4 下の 図は，九九の ひょうの いちぶを 切りとった もの
です。れいに ならって ひょうを 見て 答えましょう。

〈九九の 答え〉			〈九九の しき〉		
6	8	10	2×3	2×4	2×5
9	12	15	3×3	3×4	3×5
12	16	20	4×3	4×4	4×5

〈九九の 答え〉

24	28	32	㊁
30	35	㋑40	45
36	㋒	48	㋓

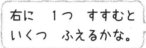

右に 1つ すすむと
いくつ ふえるかな。

(1) ㊁，㋒に あてはまる
数を 書きましょう。　㊁ [　　　　]　㋒ [　　　　]

(2) ㋑，㋓の 九九の
しきを 書きましょう。　㋑ [　　　　]　㋓ [　　　　]

5 右の 図の ●の 数を，かけ算を
つかって もとめましょう。

（しき）

　　　（答え） [　　　　]

6 高さが 5mの 木が あります。ビルの 高さは この 木の
7ばいです。ビルの 高さは 何mですか。

（しき）

　　　　　　　　　　　　（答え） [　　　　]

45

シール

23日　いろいろな　もんだい（1）

1こ　8円の　おはじき　4ことと，
20円の　色紙（いろがみ）を　買（か）いました。
ぜんぶで　何円（なんえん）に　なりますか。

1こ8円

20円

（しき）8　×　①□□　＝　②□□

②□□　＋　20　＝　③□□　　（答（こた）え）④□□

ポイント　おはじき　4この　だい金は　かけ算（ざん）で，ぜんぶの
だい金は　たし算で　もとめます。

1 りんごを　1つの　さらに　3こずつ，
5つの　さらに　のせましたが，まだ
4こ　のこって　います。りんごは　ぜ
んぶで　何こ　ありますか。

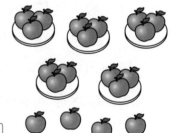

（しき）①□□　×　②□□　＝　③□□

④□□　＋　⑤□□　＝　⑥□□

（答え）⑦□□

2 クッキーを　1つの　ふくろに　7まいずつ　6つの　ふくろに
入れましたが，まだ　5まい　のこって　います。クッキーは
ぜんぶで　何まい　ありますか。

（しき）　　　　　　　　　　　　　（答え）□□

3 いちごが 6こずつ 入った はこが 8つ あります。いちご
を 40こ 食べると,のこりは 何こに なりますか。
（しき）

ぜんぶの 数は
かけ算で,
のこりの 数は
ひき算で
もとめるよ。

（答え）

4 1本 8円の 竹ひごを 9本 買いました。さとしさんが
50円を 出して,弟が のこりを 出しました。弟が 出した
お金は 何円ですか。
（しき）

（答え）

5 ノートが 30さつ あります。1人に 4さつずつ 7人に
くばりました。ノートは 何さつ のこって いますか。
（しき）

かけ算と ひき算を
つかって もとめるよ。

（答え）

6 花が 70本 あります。6本ずつ たばねて 花たばを 9つ
つくりました。花は 何本 のこって いますか。
（しき）

（答え）

シール

24日 いろいろな もんだい (2)

(1) 0, 1, 2, 3の 4つの 数字を 1回ずつ つかって, 数を つくります。つぎの 数を つくりましょう。

① いちばん 大きい 数

① ⬜

② いちばん 小さい 数

② ⬜

③ 2000に いちばん 近い 数

③ ⬜

ポイント 数の 大小を 考える ときは, 上の くらいから じゅんに 考えて いきましょう。

(2) 右の ひっ算の ⬜に, 3, 4, 5の 数を 1回ずつ つかって, ひっ算を かんせいさせましょう。

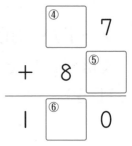

ポイント それぞれの くらいの 数を 見て, わかる ところから 数を あてはめて 考えます。

1 1, 3, 5, 7の 4つの 数字を 1回ずつ つかって 数を つくります。つぎの 数を つくりましょう。

(1) いちばん 大きい 数

いちばん 上の くらいの 数から 考えて いこう。

(2) 3000に いちばん 近い 数

2 下の ひっ算の □に, 3, 5, 6の 数を 1回ずつ つかって, ひっ算を かんせいさせましょう。

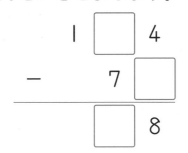

3 下の ひっ算の □に, 3, 4, 6, 8の 数を 1回ずつ つかって, ひっ算を かんせいさせましょう。

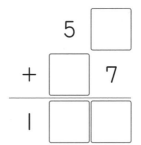

4 4×12の 答えの もとめ方を 2とおり 考えました。図の 考えに あう しきを かんせいさせましょう。

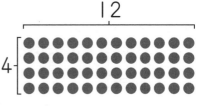

(1)

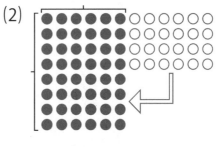

4×①□=②□

4×③□=④□

②□+④□=⑤□

(2)

⑥□×⑦□=⑧□

5 友だちが あつまって おりづるを おって います。今日は 9人が あつまって, 1人が 7わずつ おったので, きのうまでに おった おりづると あわせると, 151わに なりました。きのうまでに おった おりづるは 何わですか。

(しき)

(答え) □

25日 まとめテスト (5)

→答えは75ページ

月 日

時間 20分
【はやい15分・おそい25分】
合格 80点

得点

シール

点

① たかしさんの クラスで 5人ずつの はんを つくります。クラスで ちょうど 6つの はんが つくれました。たかしさんの クラスは ぜんぶで 何人 いますか。(10点)

(しき)

(答え) 〔　　　〕

② 長さ 8cmの ひごを 4本 つかって 正方形を つくります。できた 正方形の まわりの 長さは 何cmですか。(10点)

(しき)

(答え) 〔　　　〕

③ □に あう 数を 書きましょう。(1つ3点—18点)

6×7=42, 6×8=①〔　　〕, 6×9=②〔　　〕 です。

6の だんの 九九では, かける数が 1 ふえると, 答えは

③〔　　〕だけ ふえます。この ことから 考えると,

6×10=④〔　　〕, 6×11=⑤〔　　〕, 6×12=⑥〔　　〕 です。

④ ●の 数を かけ算を つかって もとめましょう。(10点)

(しき)

(答え) 〔　　　〕

⑤ 長さが 65cmの リボンから 8cmずつ 7本 切りとり
ました。のこりの リボンの 長さは 何cmですか。(10点)
（しき）

（答え）

⑥ コップに 水が 3dL 入ります。やかんには コップの 6
ばいの 水が 入ります。やかんには 何dLの 水が 入りま
すか。(10点)
（しき）

（答え）

⑦ 右の ひっ算の □に, 2, 3, 4の 数を
1回ずつ つかって, ひっ算を かんせい
させましょう。(12点)

$$
\begin{array}{r}
1\ \square\ 0 \\
-\quad 8\ \square \\
\hline
\square\ 6
\end{array}
$$

⑧ 0, 1, 3, 5の 4つの 数字を 1回ずつ つかって, 数を
つくります。つぎの 数を つくりましょう。(1つ10点—20点)
(1) いちばん 大きい 数

(2) 2000より 小さい 数で, いちばん 大きい 数

26日 図を つかって 考えよう (1)

赤い きんぎょと 黒い きんぎょが ぜんぶで 35ひき
います。その うち, 赤い きんぎょは 19ひきで, 黒い
きんぎょは 16ぴきです。この ことを 図に あらわします。
図の □に あてはまる 数を 書きましょう。

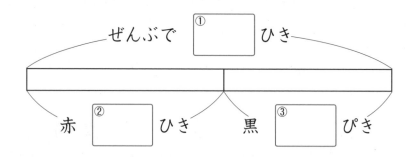

ぜんぶで ① ひき

赤 ② ひき　黒 ③ ぴき

ポイント　「ぜんぶ」の 数を, テープ ぜんたいの 長さで
あらわします。

1 色紙を 何まいか もって います。妹に 12まい あげると,
のこりは 14まいに なりました。この ことを 図に あら
わします。□に あてはまる ことばを 下から えらんで
書きましょう。

はじめの まい数　　12まい　　のこりの 14まい

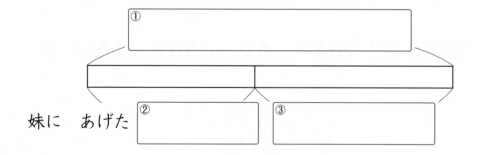

①

妹に あげた ②　　③

2 おはじきを 何こか もって います。今日 13こ 買って きたので, ぜんぶで 40こに なりました。

(1) この ことを 図に あらわします。□に あてはまる 数を 書きましょう。

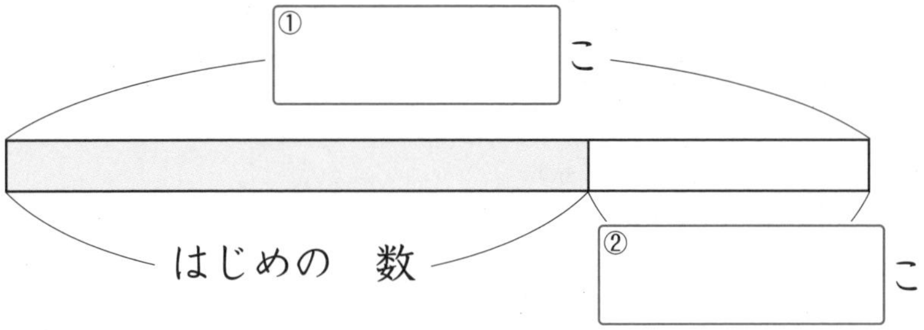

①_____ こ

はじめの 数

②_____ こ

(2) はじめに もって いた おはじきは 何こですか。

（しき）　　　　　　　　　　　　　　　（答え）□

3 みかんが 107こ あります。何こか 食べると, のこりは 80こに なりました。この ことを 図に あらわして, 食べた みかんの 数を もとめましょう。

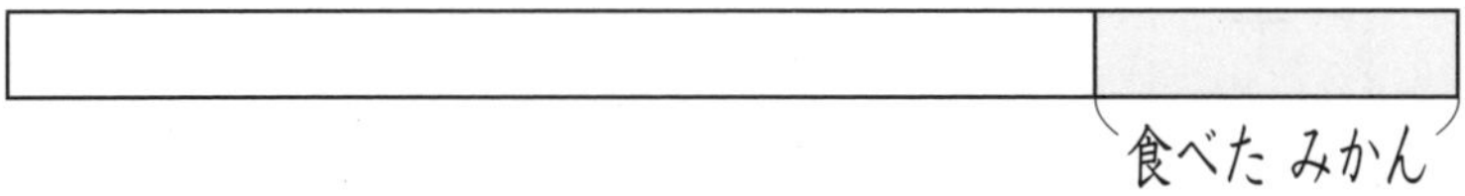

食べた みかん

（しき）　　　　　　　　　　　　　　　（答え）□

4 1組の 人数は 25人で, 2組と あわせると, 48人に なります。この ことを 図に あらわして, 2組の 人数を もとめましょう。

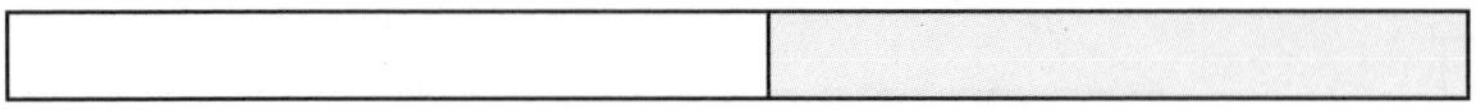

（しき）　　　　　　　　　　　　　　　（答え）□

図を つかって 考えよう (2)

→答えは76ページ

たかしさんと 弟で どんぐりを 分けます。先に 弟が
16こ とり, たかしさんが のこりの 27こを とりました。

(1) ぜんぶの どんぐりの 数を □こと します。□の こ
とばを つかって 図を かんせいさせましょう。

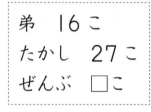

弟　16こ
たかし　27こ
ぜんぶ　□こ

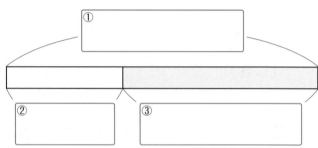

① ② ③

(2) ぜんぶの どんぐりの 数を もとめましょう。

(しき) ④ ＋ ⑤ ＝ ⑥ 　(答え) ⑦

ポイント もとめる 数は □と して 図に かくと, 数の
かんけいが わかりやすく なります。

1 75円の ノートを 買うと 45円 のこりました。はじめに
もって いた お金を □円と して, □の ことばを つかっ
て 図を かんせいさせましょう。

75円
45円
□円

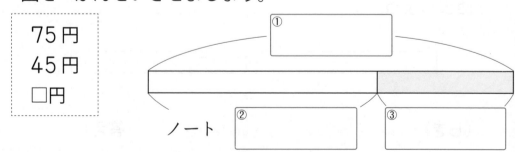

ノート　①　②　③

2 いちごが 何こか あります。12こ 食べると のこりが
26こに なりました。

(1) はじめの いちごの 数を □こと して, 図を かんせい
   させましょう。

```
              ┌─────────────┐
              │ ①           │
              └─────────────┘
       ┌───────────────┬──────────────────────┐
       │               │░░░░░░░░░░░░░░░░░░░░░░░░│
       └───────────────┴──────────────────────┘
  ┌─────────────┐    のこり    ┌─────────────┐
  │ ②           │              │ ③           │
  │             │              │             │
  └─────────────┘              └─────────────┘
```

(2) はじめの いちごの 数は 何こですか。

   (しき)   (答え) ┌──────────┐
                                             │   │
                                             └──────────┘

3 リボンを 17m つかうと, 15m のこりました。リボンは
はじめ 何m ありましたか。はじめの リボンの 長さを
□mと して, 図を かんせいさせて 答えましょう。

```
  ┌───────────────┬──────────────────────┐
  │               │░░░░░░░░░░░░░░░░░░░░░░░░│
  └───────────────┴──────────────────────┘
```

(しき)   (答え) ┌──────────┐
                                             │   │
                                             └──────────┘

4 弟に おはじきを 40こ あげましたが, まだ 140こ もっ
て います。はじめ おはじきを 何こ もって いましたか。
はじめの おはじきの 数を □こと して, 図を かんせいさ
せて 答えましょう。

```
  ┌───────────────────────────────────────┐
  │                                       │
  └───────────────────────────────────────┘
```

(しき)   (答え) ┌──────────┐
                                             │   │
                                             └──────────┘

28日 図を つかって 考えよう (3)

→答えは77ページ

月 日 シール

ちゅう車場に 車が 何台か とまって います。そこへ 12台 入って 来たので，ぜんぶで 29台に なりました。

(1) はじめの 車の 数を □台と します。□の ことばを つかって 図を かんせいさせましょう。

12台
29台
□台

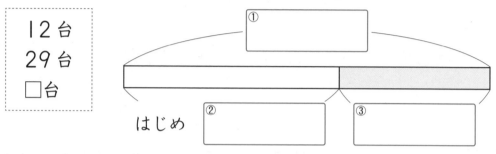

(2) はじめに とまって いた 車は 何台ですか。

(しき) ④ □ － ⑤ □ = ⑥ □ (答え) ⑦ □

ポイント はじめの 数，ふえた 数，ぜんぶの 数の 3つの 数の かんけいを，しっかり りかいしましょう。

1 公園に 子どもが 16人 います。そこへ 何人か 来たので ぜんぶで 30人に なりました。あとから 来た 子どもを □人と して，□の ことばを つかって 図を かんせいさせ ましょう。

16人
30人
□人

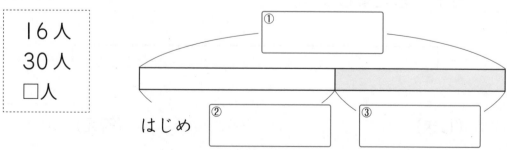

2 64 ページの 本を 読んで います。のこりは 25 ページに なりました。何ページ 読みましたか。読んだ ページ数を □ ページとして，図を かんせいさせて 答えましょう。

①

②

③

のこり

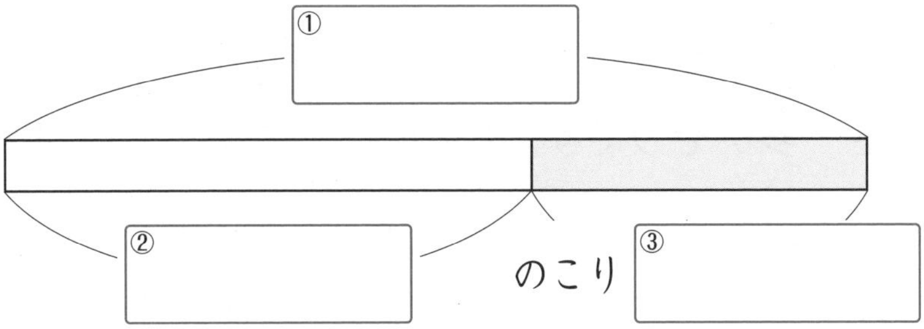

(しき)　　　　　　　　　　　　　　　　　　　(答え)

3 電車の えきに 24 人の 人が ならんで います。何人か 来たので ぜんぶで 41 人に なりました。あとから 来たのは 何人ですか。あとから 来た 人数を □人として，図を かんせいさせて 答えましょう。

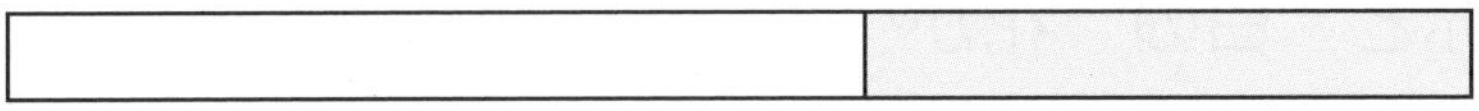

(しき)　　　　　　　　　　　　　　　　　　　(答え)

4 600 台の 車を はこんで いる 船が，とちゅうの みなと で 何台か おろしたので，つんで いる 車は 400 台に なりました。とちゅうで おろしたのは 何台ですか。おろした 車を □台と して，図を かんせいさせて 答えましょう。

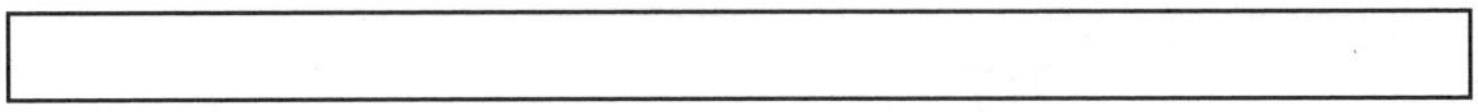

(しき)　　　　　　　　　　　　　　　　　　　(答え)

29日　図を　つかって　考えよう (4)

ねこと　いぬが　います。ねこは　16ぴきで，ねこは　いぬより　5ひき　多いそうです。いぬは　何びき　いますか。

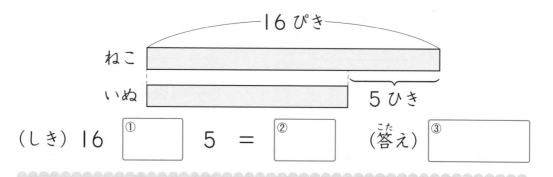

（しき）16　①□　5　=　②□　　（答え）③□

ポイント　2つの　りょうで，どちらが　多いか　少ないかは，図に　かくと　わかりやすく　なります。

1　花だんに　赤と　白の　花が　さいて　います。赤い　花は　56本で，白い　花より　20本　少ないそうです。白い　花は　何本　さいて　いますか。

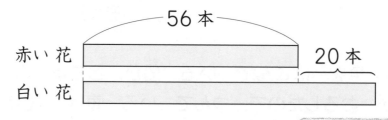

図を　見て，どちらの　花が　多いのか　よく　考えて　みよう。

（しき）　56　①□　20　=　②□

（答え）③□

2 ケーキの ねだんは 160円で, ケーキの ねだんは プリン の ねだんより 80円 高いそうです。

(1) 図の ☐ に あてはまる 数を 書きましょう。

① ☐ 円

ケーキ

プリン

② ☐ 円

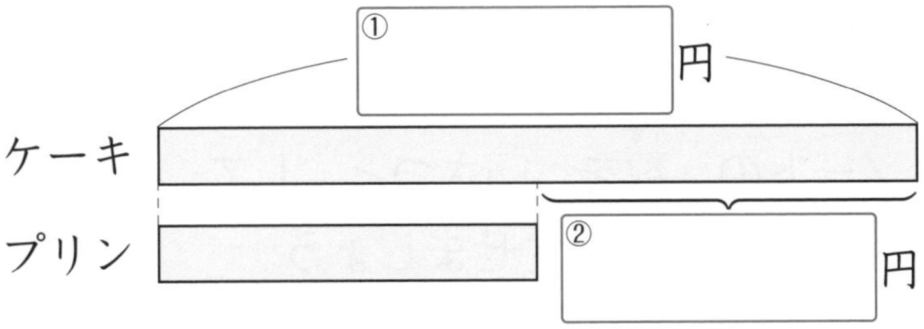

(2) プリンの ねだんは 何円ですか。

（しき）

（答え） ☐

3 今日は にわとりが 23この たまごを うみましたが, これは きのうより 7こ 少ないそうです。きのう うんだ たまごは 何こですか。図を かんせいさせて 答えましょう。

② ☐

今日

③ ☐

① ☐

（しき）

（答え） ☐

4 赤い テープの 長さは 75cmで, 青い テープの 長さよ り 14cm みじかいそうです。青い テープの 長さは 何cm ですか。

（しき）

（答え） ☐

30日 **まとめ テスト (6)**

① ノートを 16人の 子どもに 1さつずつ くばると, 5さつ のこりました。(1つ10点−20点)

(1) はじめの ノートの 数を □さつと して, □の ことばを つかって 図を かんせいさせましょう。

16さつ
5さつ
□さつ

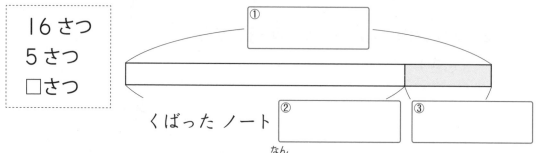

①

くばった ノート

②

③

(2) はじめの ノートの 数は 何さつでしたか。
(しき)

(答え)

② はとが 13わ いましたが, 何わか とんで 来たので, ぜんぶで 23わに なりました。何わ とんで 来ましたか。とんで 来た はとの 数を □わと して, 図を かんせいさせて 答えましょう。(図10点, しきと答え10点−20点)

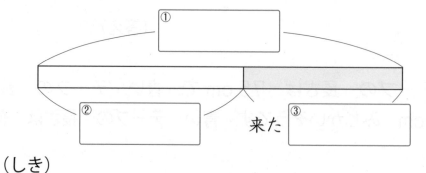

①

②

来た

③

(しき)

(答え)

③ ようこさんは おはじきを 25こ もって いますが, これは かおるさんの おはじきの 数より 7こ 少ないそうです。か おるさんは おはじきを 何こ もって いますか。図を かん せいさせて 答えましょう。(図10点, しきと答え 10点-20点)

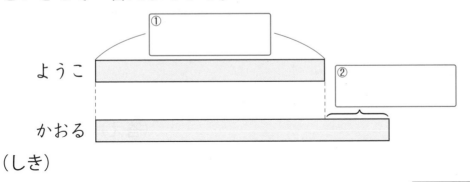

（しき）

（答え）

④ 2だんの たなに 本が あります。上の だんには 23さつ あり, ぜんぶで 50さつ あります。下の だんに 本は 何 さつありますか。下の だんの 本の 数を □さつと して, 図を かんせいさせて 答えましょう。 (図10点, しきと答え 10点-20点)

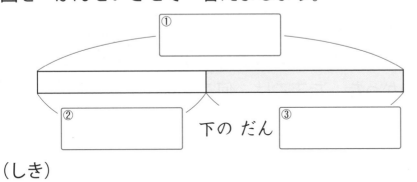

下の だん

（しき）

（答え）

⑤ りんごの ねだんは 124円で, りんごは なしより 28円 高いそうです。なしは 何円ですか。(20点)

（しき）

（答え）

61

しんきゅうテスト

1 1本の くしに だんごが 3こ ささって います。くしは ぜんぶで 9本 あります。だんごは ぜんぶで 何こ ありますか。(10点)

（しき）

（答え）

2 120さつの ノートを はこびます。ひろしさんが 74さつ はこび, としきさんが のこりを はこびました。としきさんは 何さつ はこびましたか。(10点)

（しき）

（答え）

3 レストランで 今日 たまごを 95こ つかいました。今日 つかった たまごは, きのうより 37こ 少なかったそうです。 きのう つかった たまごは 何こですか。(10点)

（しき）

（答え）

4 さくら町から ふじ町まで バスで 行きました。 午前10時40分に さくら町を 出て, 午後3 時に ふじ町に つきました。バスに のって いた 時間は 何時間何分ですか。(10点)

5 つぎの 図の なかで, 組み立てると はこの 形に なる も
のを 2つ えらんで きごうで 答えましょう。(10点)

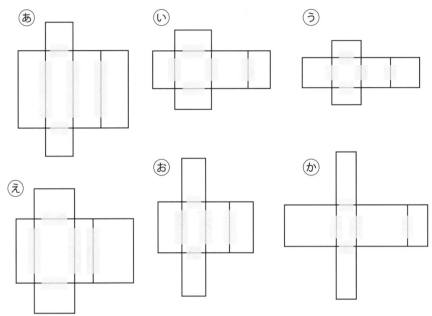

あ　い　う

え　お　か

6 電車に 40人 のって います。えきで 23人 おりて, 36
人 のりました。いま 電車に のって いる 人は 何人です
か。1つの しきに 書いて 答えを もとめましょう。(10点)
（しき）

（答え）

7 1週間は 7日です。道ろの 工じに 3週間 かかる よて
いでしたが, 工じが おくれて 25日 かかりました。よてい
より 何日 多く かかりましたか。(10点)
（しき）

（答え）

8 長方形の 紙を となりあう 辺が かさなるように おって, 図のように たてに 切りました。⑯を ひらくと, 何と いう 形に なって いますか。(5点)

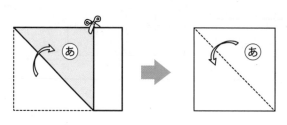

9 長方形と 正方形の 紙を ------の 線の ところで はさみで 切ります。この とき, 直角三角形が できる ものを ぜんぶ えらんで きごうで 答えましょう。(5点)

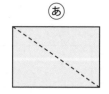 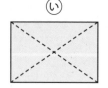 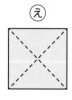

　　⑯　　　　　　⑰　　　　　　⑱　　　　　⑲

10 ストーブに とうゆが 6L5dL 入って います。今日 2L7dL つかいました。ストーブに のこって いる とうゆは 何L何dLですか。(10点)

(しき)

　　　　　　　　　　　　　　　　　　(答え)

11 右の ひっ算の □に, 6, 7, 8の 数を 1回ずつ つかって, ひっ算を かんせい させましょう。(10点)

```
    1 0 □
  －   3 □
    □   9
```

●1日 2〜3ページ

①5　②20　③56　④56本

[1] ①25　②32　③57　④57こ

[2] ①28　②52　③80　④80円

[3] （しき）18+6=24　　　　　　（答え）24台

[4] （しき）67+28=95　　　　　　（答え）95さつ

[5] （しき）46+73=119　　　　　　（答え）119こ

指導の手引き

[1] 「2人で何こひろいましたか」という問題なので，「あわせた数」を求めることがわかります。あわせた数，全部の数を求めるときは，たし算を使うことを確かめましょう。たし算をより正確に行うためには，先に筆算を完成させます。

チェックポイント　たし算の計算が定着するにつれて，暗算で答えが出せるようになります。問題の難易度により筆算と暗算を使い分けるように意識させて練習をするとよいでしょう。くり上がりの計算でつまずきが見られるときは，筆算で確実に計算できるようにしましょう。

[2] あわせた数を求めるので，たし算を使います。計算は一の位の数から順にします。一の位は8と2で10なので，十の位に1くり上げます。

[3] 数が変化（増加）する文章題です。増えたあとの数を求めるので，はじめの数に増えた数を加える式をつくります。

[4] 「5月に貸し出した本」は「4月に貸し出した本の数67冊」より28冊増えたので，たし算で求めます。

[5] 十の位の数を計算すると，百の位に1くり上がります。

●2日 4〜5ページ

①20　②32　③32まい

[1] ①79　②28　③51　④51人

[2] ①30　②7　③23　④23人

[3] （しき）53−18=35　　　　　　（答え）35本

[4] （しき）60−26=34　　　　　　（答え）34人

[5] （しき）127−82=45　　　　　　（答え）45こ

指導の手引き

[1] 「ペットをかっていない人」は2年生全体から「ペットをかっている人」をひいた残りの数です。「のこりの数」を求めるときは，ひき算をします。筆算では，さきに一の位の数，次に十の位の数の順で計算することを確認します。

[2] 数が変化（減少）する文章題です。減ったあとの数を求めるので，はじめの数から減った数をひく式をつくります。30を20と10に分け，10から7をひいて3，20と3で23と考えます。筆算では一の位に10をくり下げて10−7=3 としますが，10をくり下げることが30を20と10に分ける手順に対応しています。

[3] 「のこりの数」を求めるので，ひき算の式をつくります。

チェックポイント　たし算のときと同じように，問題の難易度により筆算と暗算を使い分けるようにします。くり下がりのある計算が筆算で正しくできることを確認しましょう。

[4] はじめにバスに乗っていた人数（60人）から，駅前でおりた人数（26人）をひきます。

[5] 全部の数から弟のどんぐりの数をひいた残りが，兄のどんぐりの数になります。式を書いたら，筆算で計算し，答えを書くようにしましょう。

●3日 6〜7ページ

①−　②34　③34本

④+　⑤103　⑥103こ

[1] ①+　②32　③32まい

[2] ①−　②97　③97人

[3] （しき）78+16=94　　　　　　（答え）94こ

[4] （しき）124−47=77　　　　　　（答え）77頭

[5] （しき）76+24=100　　　　　　（答え）100こ

1️⃣ 25枚使ってまだ7枚残っているので，2つの数をあわせる計算（たし算）になります。問題文の「のこりが」ということばに機械的に反応してひき算の式を書いてしまうときには，使った25枚と残った7枚を並べて，はじめの枚数はそれらの合計であることを目に見える形で示すことで，たし算であることを理解させるようにします。

> ◀チェックポイント▶　問題文に「のこり」「少ない」ということばがあればひき算，「多い」があればたし算のように，単純にことばと式を結びつけないようにします。文章全体をよく読んで，その内容から数の大小，量の多少を考えるようにします。

2️⃣ 全部の数の110人から休んだ13人をひいた残りが遠足に行った人数になるので，ひき算をします。ここではくり下がりの計算が正しくできるかどうかもチェックしましょう。

3️⃣ たし算かひき算か迷いやすい問題です。ノートにまいさんのもっている78個を表す帯をかいて見せて，「ゆみさんはまいさんより16こ多くもっている」ことを考えさせるようにします。

4️⃣ 「馬の数は牛の数より47頭多い」ということから，馬の数のほうが多いことを理解させます。

5️⃣ 今日ときのうで，たくさん売れたのはどちらか問いかけるとよいでしょう。

●4日 8〜9ページ

①— ②24 ③24円
④76 ⑤48 ⑥28 ⑦やぎ

1️⃣ （しき）136−88=48　　　　　　（答え）48円
2️⃣ （しき）106−87=19
　　　　　　　（答え）かなさんが 19こ 多い。
3️⃣ （しき）150−55=95　　　　（答え）95円
4️⃣ （しき）48+72=120　　　（答え）120本
5️⃣ (1)(しき) 77−49=28　　　（答え）28わ
　(2)28+49=77

1️⃣ 「バラはユリより何円高いか」を求めるので，2つの数のちがいを求める計算であることを確か

めます。ちがいを求めるときは大きい数から小さい数をひきます。

2️⃣ 2つの数のちがいを求める問題です。1️⃣と2️⃣では，問題文に出てくるひく数とひかれる数の順序が異なっています。「どうして式に出てくる順番がちがうの？」と問いかけて，ちがいを求めるときは大きい数から小さい数をひくことを説明させるとよいでしょう。

3️⃣ 「ぜんぶの数」（150円）と「のこりの数」（55円）を手がかりにします。のこりの数を求める計算（4〜5ページ）と同様にひき算になりますが，計算の意味は異なっています。

4️⃣ 配った数と残りの数からはじめの数を求めます。

> ◀チェックポイント▶　「のこり」を手がかりにしますが，3️⃣はひき算，4️⃣はたし算になります。式をつくるときは問題文全体の内容から考えるようにします。

5️⃣ ひき算の答えのたしかめの式は，
　（答え）+（ひく数）=（ひかれる数）となります。

●5日 10〜11ページ

①（しき）46+26=72　　　　　（答え）72台
②（しき）34−17=17　　　　　（答え）17こ
③（しき）39−29=10　　　　　（答え）10まい
④(1)(しき)106−38=68　　　（答え）68人
　(2)68+38=106
⑤（しき）61+39=100　　　（答え）100まい
⑥（しき）37−15=22　　　　　（答え）22回
⑦(1)お茶と せんべい　(2)せんべい，ビスケット

① 「ぜんぶの数」を求めるので，たし算を使います。
② 「ぜんぶの数」から「のこりの数」をひくと，使ったたまごの数が求められます。
③ 「数のちがい」を求める計算です。
④ (2)たしかめの式を書くときに，「ひかれる数」と「ひく数」の区別がついていないことが多いので，1つずつ確認するようにします。

> ◀チェックポイント▶　ひき算のたしかめの式
> （答え）+（ひく数）=（ひかれる数）
> をくり返し読み上げておぼえましょう。

⑥ まず，とんだ回数が多いのはどちらかをつかみます。多くとんだよしこさんの回数がわかっているので，ひき算を使います。

⑦ 「何を答えればよいのか」，「答えるためにどうすればよいのか」を，自分で見つけることをねらいとした設問です。問われていることを読み取って解決のすじ道を見い出すことは，算数の学習を通じて培う力のひとつです。

(1)のみもの，おかしからそれぞれいちばん安いものを選びます。

(2)もっているお金は，67＋58＝125（円）
これからジュースの値段をひくと，
125－82＝43（円）だから，43円以下のおかしを選ぶことができます。

●6日 12～13ページ
(1)①20
(2)②10 ③35
(3)(右の図)

1 25分

2 25分

3 1時間前…3時20分
30分後…4時50分

4 8時

5 4時25分

指導の手引き

1 時計の文字盤を使って読み取ります。短い針はどちらも1と2の間にあるので，長い針の動きで考えます。長い針が30分の位置から55分の位置まで動いているので，25分かかっています。ひき算でも求められますが，文字盤の大きな数字の目盛りを数える方法を身につけましょう。文字盤の数字の6から8までで10分，8から10までで10分，10から11までで5分あるので，全部で25分となります。このように時間の経過を考えます。

チェックポイント 時計の長い針が大きな目もり1つ分を動く時間は5分，2つ分で10分です。

2 長い針の動きで考えます。

3 1時間前の時刻は，4時20分の「時」の数を1減らして3時20分。30分後の時刻は長い針が4時20分の位置から30分で，4時50分になります。

4 長い針が4の位置から10分で6，20分で8，30分で10の位置にきます。あと10分で12の位置になり，1時間くり上がって8時ちょうどになります。
20＋40＝60（分）と計算して，1時間くり上がると考えることもできます。

5 50分の25分前の時刻は25分だから，4時25分になります。

●7日 14～15ページ
①9 ②1 ③5 ④30 ⑤8 ⑥30

1 4時間

2 午後5時

3 3時間前…午前6時
6時間後…午後3時

4 (1)7時間 (2)6時間40分

5 7時間

指導の手引き

1 2つの時計の短い針に注目します。短い針が文字盤の大きな数字の1目もりを進むのに1時間かかることから，11から「12，1，2，3」と順に4つ数えます。午前11時から正午，午後1時，午後2時，午後3時と時刻を表現することも確かめましょう。

チェックポイント 時計の短い針が文字盤の大きな目もり1つ分を動く時間が1時間で，12時間で1回まわります。

2 10時の位置から文字盤の目もりで7つ分進めます。正午をすぎるので，「午後」をつけて答えます。

3 3時間前の時刻は9時の位置から文字盤の目もりで3つ分戻します。6時間後の時刻は6つ分進めますが，正午をすぎるので午後になります。

4 (1)長い針がどちらも30分をさしているので，短い針の位置を読みとります。短い針は目もりの中間をさしていますが，そのまま1時間，2時間と進めます。

(2)まず5時20分から40分たつと6時，6時から6時間たつと正午で，あわせて6時間40分になります。

5 午前8時から午前12時（午後0時）まで4時間，午後0時から午後3時まで3時間，あわせて7時間と考えます。

●8日 16～17ページ

(1)

	○			
	○			
	○	○		
○	○	○	○	
○	○	○	○	○
○	○	○	○	○
○	○	○	○	○
○	○	○	○	○
りんご	すいか	ぶどう	バナナ	みかん

(2)

くだもの	りんご	すいか	ぶどう	バナナ	みかん
人数(人)	5	8	6	5	4

1 (1)

	○				
	○				
○	○				
○	○				
○	○			○	
○	○		○	○	
○	○	○	○	○	
○	○	○	○	○	○
○	○	○	○	○	○
いぬ	ねこ	かめ	ことり	うさぎ	きんぎょ

(2)ねこ

(3)

ペット	いぬ	ねこ	かめ	ことり	うさぎ	きんぎょ
人数(人)	7	9	3	4	5	2

(4)4人

指導の手引き

1 (1)左の表にチェックを入れてグラフに○をかき入れる作業を1つずつくり返します。

(2)グラフの○の高さを調べます。
(3)グラフの○を数えて表をつくります。
(4)表の数を使ってひき算で求めます。

●9日 18～19ページ

①じょう用車　②トラック
③オートバイ　④3台
1 (1)ケーキ　(2)ラムネ
(3)せんべいと　ゼリー　(4)クッキー
(5)

おかし	クッキー	プリン	せんべい	ラムネ	ケーキ	ゼリー
人数(人)	6	8	7	5	9	7

(6)3人

指導の手引き

1 (1)グラフの○の高さを見て，いちばん高いものの名前を答えます。
(2)(1)と同様に，グラフの○の高さに注目します。ここでは，いちばん低いものの名前を答えます。答えるのは資料の名前(ここではお菓子の種類)なのか，数なのか，まちがえないようにします。
(3)グラフの高さが同じものをさがします。
(4)グラフで，○が6個のものをさがして答えます。
(5)グラフの○の数を数えて数字を書き入れます。(4)はこの表を見るとすぐ答えられる問題です。問題の内容によって，グラフを見るか表を見るか，使い分けられるようにします。

チェックポイント 資料の数の大小関係についての問題(いちばん多いものや少ないもの，順番を答えるなど)は，資料の数を高さで見ることができるグラフをもとに考えるようにします。資料の数そのものについての問題では表の数を使って考えます。

(6)資料の数についての問題なので，(5)でつくった表の数字を使って求めます。
8−5=3 (人)

●10日 20～21ページ

1 (1)午前10時20分　(2)午後4時20分
(3)40分間
2 1時間40分

③ 15時間
④ (1)

とら	キリン	ライオン	ぞう	さる
		○		
		○	○	
	○	○	○	
○	○	○	○	
○	○	○	○	○
○	○	○	○	○

(2)ライオン　(3)ぞうを　かいた　人

(4)

どうぶつ	とら	キリン	ライオン	ぞう	さる
人数(人)	3	4	6	5	2

(5)20人

指導の手引き

❶ 昼休みが始まる時刻は午後0時20分です。

(1)1時間前は午前11時20分，2時間前は午前10時20分です。

(2)1時間後は午後1時20分，2時間後は午後2時20分，……と考えると，4時間後は午後4時20分です。

(3)午後0時20分から10分たつと午後0時30分，さらに30分たつと午後1時になるので，あわせて40分が昼休みの時間です。

❷ 10時から1時間たつと11時，11時から40分で11時40分になるので，頂上に着くまでに1時間40分かかります。

❸ 午前6時から12時間たつと午後6時です。さらに3時間たつと午後9時です。12時間と3時間をあわせて15時間になります。

チェックポイント　短い針が1回まわる時間が12時間であることを利用します。

❹ (5)表の数字を全部たします。絵やグラフの○を数えるより速く正確に求められます。

●11日 22～23ページ
①6 ②4 ③17 ④17 ⑤17ひき
⑥4 ⑦10 ⑧17 ⑨17 ⑩17ひき
1 (1)①7 ②3 ③10 ④10台
(2)⑤19 ⑥10 ⑦29 ⑧29台

2 (1)①45 ②25 ③70 ④70円
(2)⑤90 ⑥70 ⑦20 ⑧20円
3 (しき)38+(15+5)=58 　(答え)58こ

指導の手引き

1 (1)入ってきた自転車の合計を求めます。

(2)はじめにとまっていた19台と増えた10台をあわせて，答えは29台です。

2 (1)使ったお金の合計をたし算で求めます。減った数にあたります。

(2)持っていた90円から使ったお金をひいて，残りのお金を求めます。

3 「朝 15こ あつめ，夕方にも 5こ あつめました」という文から，集めた数(増えた数)を( )でまとめます。次に，「はじめにもっていた数＋(増えた数)」の式をつくります。計算は( )の中を先にたし算して，その答えとはじめの数をあわせます。

チェックポイント　問題文から「はじめの数」と「増えた数」を読みとって区別できることが大切です。2つある増えた数を先に( )でまとめ，はじめの数と増えた数を合計するという順番で計算していきます。

●12日 24～25ページ
①24 ②17 ③9 ④2 ⑤17 ⑥7 ⑦17
⑧17わ ⑨9 ⑩21 ⑪21せき
1 (1)①3 ②10
(2)(しき)7+(8-5)=10 　(答え)10人
(しきは 7+8-5=10 でも正かいです。)
2 (しき)12+(6-4)=14 　(答え)14まい
(しきは 12+6-4=14 でも正かいです。)
3 (しき)27-(18-15)=24 　(答え)24台
(しきは 27+15-18=24 でも正かいです。)

指導の手引き

1 (1)8人来て5人帰ったので，3人増えています。

チェックポイント　はじめにいた人数に関係なく，増えた人数は3人であることを理解させましょう。

(2)増えた人数を先に計算しても，順に計算しても答えは同じです。順に計算する式は，はじめは

7人で，8人来たので，7+8=15，そのあと5人帰ったので，7+8−5=10 と問題文に出てくるとおりに，自然に式に書けます。

2 6枚もらって4枚あげたので，2枚増えています。はじめは 12枚なので，2枚増えて答えは14枚です。この考えで求めた答えと，順番どおりに計算する式 12+6−4 を計算した答えが同じになります。

3 15台入って 18台出たので，3台減っています。出た数のほうが多いので，はじめより減っていることが理解できているかどうか，順番どおりに計算した式 27+15−18 の結果を使って確認しましょう。

● **13日 26〜27ページ**

①+　②11cm9mm

③−　④3cm3mm

1 (1)①60　(2)②47　(3)③10
(4)④5　⑤8

2 (しき) 29cm7mm+3cm=32cm7mm
(答え) 32cm7mm

3 (しき) 14cm5mm−3cm2mm
=11cm3mm
(答え) 11cm3mm

4 (しき) 20cm−7cm4mm=12cm6mm
(答え) 12cm6mm

5 ⑦14cm　④2cm8mm　⑦10cm8mm

指導の手引き

1 1cm=10mm から考えます。mmの単位で表したときの十の位の数の後ろに cm をつけて読み替えることができます。

2 たし算の式は単位 cm と mm をつけて書きます。29cm+3cm=32cm，7mmはそのまま残ります。

チェックポイント 同じ単位の数どうしを計算します。

3 書いた式を見て，同じ単位の数どうしを計算します。

14cm−3cm=11cm

14cm5mm−3cm2mm=11cm3mm

5mm−2mm=3mm

4 ひかれる数に mm の単位の数がありません。4mmをひくために 20cm を 19cm と 1cm に分け，1cm を 10mm としてひき算します。
19cm−7cm=12cm，
10mm−4mm=6mm

5 解き方を式の形で書くと，下のようになります。式の意味を考えましょう。
⑦8cm4mm+5cm6mm
=13cm10mm=14cm
④8cm4mm−5cm6mm
=7cm14mm−5cm6mm=2cm8mm
⑦8cm4mm−3cm2mm=5cm2mm
5cm2mm+5cm6mm=10cm8mm

● **14日 28〜29ページ**

①4L6dL　②2L2dL

1 (1)①200　(2)②50
(3)③6　(4)④7　⑤2

2 (しき) 9L8dL−2L6dL=7L2dL
(答え) 7L2dL

3 (しき) 8dL+6dL=1L4dL
(答え) 1L4dL

4 (しき) 3L9dL+4L6dL=8L5dL
(答え) 8L5dL

5 (しき) 5L−3dL=4L7dL
(答え) 4L7dL

指導の手引き

1 かさの単位は3つ習います。大きい単位から小さい単位に，逆に小さい単位から大きい単位に，自在になおせるように練習しましょう。
(1)1dL=100mL なので，2dL=200mL
(2)1L=10dL なので，5L=50dL
(3)10dL=1L なので，60dL=6L
(4)72dL を 70dL と 2dL に分けます。
70dL=7L なので，72dL=7L2dL

チェックポイント L，dL，mL の関係を確かめましょう。

2 書いた式を見て，同じ単位の数を計算します。

9L−2L=7L

9L8dL−2L6dL=7L2dL

8dL−6dL=2dL

3 式は 8 dL＋6 dL＝14 dL です。答えは「何 L 何 dL」で表すので，1 L 4 dL とします。

4 式は 3 L 9 dL＋4 L 6 dL です。
計算をすると，
3 L＋4 L＝7 L，9 dL＋6 dL＝15 dL
ここで，15 dL＝1 L 5 dL だから，7 L と 1 L 5 dL をあわせて，8 L 5 dL

5 ひかれる数に dL の単位の数がありません。3 dL をひくために，5 L を 4 L と 1 L に分け，1 L を 10 dL として 3 dL をひきます。4 L はそのまま残ります。

● 15日 30～31 ページ

① （しき）35＋（16－14）＝37　（答え）37 こ
（しきは 35＋16－14＝37 でも正かいです。）

② （しき）16 cm 5 mm－9 cm 8 mm
　　　　＝6 cm 7 mm　（答え）6 cm 7 mm

③ （しき）34 L 2 dL＋6 L 5 dL＝40 L 7 dL
　　　　　　　　　（答え）40 L 7 dL

④ （しき）75＋（16＋14）＝105
　　　　　　　　　（答え）105 わ
（しきは 75＋16＋14＝105 でも正かいです。）

⑤ （しき）53＋（22－18）＝57　（答え）57 人
（しきは 53－18＋22＝57 でも正かいです。）

⑥ ㋐43 cm 9 mm　㋑36 cm 4 mm
　㋒10 cm 7 mm

⑦ （しき）120－（27＋23）＝70　（答え）70 こ
（しきは 120－27－23＝70 でも正かいです。）

⑧ （しき）40 L－16 L 3 dL＝23 L 7 dL
　　　　　　　　　（答え）23 L 7 dL

指導の手引き

① 16 個もらって 14 個あげたので，2 個増えます。35 個から 2 個増えて 37 個が答えです。

② 高さのちがいを求める計算です。mm の単位の数がひけないので，16 cm 5 mm を 15 cm と 15 mm に分けて 9 cm と 8 mm をひきます。

④ きのうと今日でひよこになった数を（　）にまとめて式をつくります。順にたしても同じ答えになります。

⑤ 18 人降りて 22 人乗ったので 4 人増えます。53 人から 4 人増えて 57 人になります。

⑥ ㋐横の長さ＋たての長さ　で求めます。
　18 cm 2 mm＋25 cm 7 mm
　＝43 cm 9 mm
㋑横の長さを 2 つ分たして求めます。
　18 cm 2 mm＋18 cm 2 mm
　＝36 cm 4 mm
㋒横 2 つ分の長さからたての長さをひきます。
　㋑の答えを使って計算しましょう。
　36 cm 4 mm－25 cm 7 mm
　＝10 cm 7 mm

⑦ りすとさるにあげたくりの数を（　）にまとめて式をつくります。順番にひいても同じ答えになります。

⑧ 40 L を 39 L と 1 L に分け，39 L－16 L と 10 dL－3 dL に分けて計算します。

● 16日 32～33 ページ

①㋔，㋘　②㋒，㋕
1 ①3　②3　③4　④4
2 ㋑，㋔
3 (1)㋐　(2)㋑　(3)㋒　(4)㋑
4 (1)①四角形　(2)②三角形
　(3)③三角形　④2 つ

指導の手引き

1 三角形や四角形で，まわりの直線を辺，かどの点を頂点といいます。

2 かどをつくる 2 本の辺の開き方が本やノートのかどのようになっているものを直角といいます。

チェックポイント　㋔のように 2 本の辺が真横や垂直な方向に対して傾いているものも直角です。かどの開きの大きさだけに着目します。直角は紙を 2 回折ることでつくることができます。1 回目に折った折り目の線を重ねるように折ることで直角をつくります。長方形や正方形ではない不規則な形の紙を使うと興味をひくでしょう。

3 点線で切ってできる 2 つの形を別々に観察します。ここでは出題されていませんが，四角形を三角形 2 つに切ったり，四角形ができないように切ることもできます。紙を用意して考えさせるとよいでしょう。

4 手を動かして図形をかいてみることをねらいとした問題です。使いやすい大きさの定規を用意し，2つの点にきちんと定規をあてて，2点を結ぶ直線をひきましょう。

(2)イ，ウ，エの3つの点が一直線上に並んでいるので，イとウを結ぶ直線とウとエを結ぶ直線は1本の直線になります。

(3)イとウを結ぶ直線とエとアを結ぶ直線が交わるので，2つの三角形が向かい合った形になります。

● 17日 34〜35ページ

①お，か　②い，け

1 (1)①直角　(2)②2

(3)③直角　④長さ

2 え，お，く

3 (1)正方形　(2)長方形　(3)正方形

4 3cmと　2cmと　2cm

（じゅんばんが入れかわっても正かいです。）

指導の手引き

1 長方形と正方形の特徴を確認します。

2 1つのかどが直角になっている三角形をさがします。

3 (1)4つの辺が同じ長さ（4めもり）で，4つのかどが直角になっているので正方形です。

(2)4つのかどは直角です。長さが4めもりの辺と5めもりの辺があるので長方形です。

チェックポイント　正方形や長方形の特徴にぴったりあうことを説明できるようにしましょう。

(3)

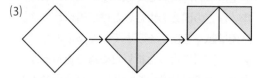

とがった角を2つあわせると直角になり，斜め方向の4つの辺がどれもぴったり重なるので同じ長さです。4つの角が直角で4つの辺が同じ長さなので，正方形です。

4 長方形には同じ長さの辺が2組あることを使って考えます。長さ7cmの棒からもう1本3cmの辺をつくります。7−3＝4（cm）で，残りの4cmの棒を2cmと2cmに分けて，もう1

組の辺をつくります。4cmを2cm2つに分けることはわり算ではなく「2＋2＝4 なので，4cmが2cmと2cmに分けられる」と説明します。1年で習ったある数を同じ数ずつ2つに分ける考え方を使います。

● 18日 36〜37ページ

①8つ　②12本　③6つ　④2つ　⑤2つ

1 (1)12本　(2)正方形

2 (1)8つ　(2)4本　(3)8本

(4)①2つ　②4つ

3 (1)⑦長方形　⑦正方形　⑦長方形

(2)⑦長方形　⑦長方形　⑦正方形

指導の手引き

1 さいころの形は6つの正方形の面でかこまれた形です。正方形の4つの辺は同じ長さなので，さいころの形の12本の辺の長さはすべて同じになります。

2 (1)箱の形やさいころの形には頂点が8つあります。お菓子の箱などを用意して，かどにしるしをつけて8つの頂点の位置をたしかめましょう。

(2)3cmの辺は上下（高さ）の方向の4本の辺です。箱の形で，同じ方向の4本の辺は同じ長さになります。

(3)前後（奥行）の方向の辺と，左右（横）の方向の辺はどちらも5cmです。それぞれ4本ずつあるので，あわせて8本の辺の長さが5cmになります。

(4)①正方形は上の面，②長方形は手前の面と右側の面に見えています。それぞれに向きあっている面は同じ形なので，正方形は上下に2つ，長方形は4つあります。

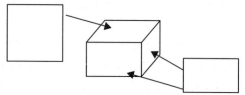

3 (2)となりあう2辺の長さが同じなら正方形，ちがうときは長方形になります。⑦と⑦はとなりあう2辺が50cmと60cmなので長方形，⑦は前後の方向の辺と上下の方向の辺がどちらも60cmなので正方形です。

● 19日 38～39 ページ

① 8こ　② 4本　③ ⓘ

1 (1) 8こ　(2) 4本

2 (1) Ⓤ　(2) ⓘ　(3) ⓐ

3 ⑦ 4 cm　⑦ 9 cm　⑦ 7 cm

指導の手引き

1 ねんど玉が頂点，ねんど玉をつなぐひごが辺を表しています。38 ページの上の図を見ると，箱の形では同じ長さの辺が 4本ずつあることがわかります。

2 箱の形やさいころの形は 1枚の紙に 6つの面を並べてかいて，組み立ててつくることができます。面の形をよく見て，とくに正方形の面があるかどうかに注目しましょう。

(1) 正方形の面が 2つ，同じ形の長方形の面が 4つあります。Ⓤの上下の面が正方形になっています。

(2) 大きさや形がちがう長方形の面が 3組あるのでⓘです。組み立てたときに重なる辺や向かいあう面の位置が見やすい図です。この図を参考にして方眼紙に図をかいて切り抜き，箱の形に組み立ててみましょう。

(3) 6つの面は正方形なので，さいころの形のⓐになります。

> ◀チェックポイント▶　箱の形を組み立てることができる図で，組み立てたときに重なる位置にある辺は同じ長さになります。また，組み立てたときに向かいあう位置にある 2つの面は同じ形です。

3 辺の長さは 9 cm，7 cm，4 cm の 3つです。組み立てたときに重なる位置にある辺や，向かいあう位置にある辺に注意して辺の長さを決めます。たて 7 cm，横 9 cm のいちばん大きな長方形が右の図の上下の面になっています。

● 20日 40～41 ページ

1 (1) 8つ　(2) 8本　(3) 6つ　(4) 正方形

2 (1) ⓘ　(2) Ⓤ　(3) ⓐ

3 (1) ① 直角三角形

(2) ② 直角三角形　③ 四角形

　　（じゅんばんが入れかわっても正かいです。）

(3) ④ 直角三角形

(4) ⑤ 長方形

4 ⑦ 10 cm　⑦ 10 cm　⑦ 4 cm　⑦ 7 cm

指導の手引き

1 箱の形の頂点の数，辺の数，同じ長さになる辺の数，面の数と形をもう一度整理しましょう。

(2) 前後（奥行）の方向の辺と，上下（高さ）の方向の辺がどちらも 8 cm です。同じ方向の 4本の辺は同じ長さなので，あわせて 8本の辺の長さが 8 cm になります。

(4) となりあう 2辺の長さがどちらも 8 cm なので，正方形になっています。

2 正方形の面と，長方形の面の形に着目します。

(1) 上側の面が正方形で，手前と右側の面は同じ形，同じ大きさの長方形になっているので，Ⓘになります。

(2) どの面も正方形なので，Ⓤ を選びます。

(3) 3つの面がそれぞれちがった形の長方形になっています。

4 辺の長さは 10 cm，4 cm，7 cm の 3通りです。⑦と⑦はいちばん長い辺で 10 cm，左の図では前後（奥行）の辺にあたります。⑦と⑦がたてと横になっている長方形は左の図では手前の面です。紙に写しとったときに向きを変えています。

> ◀チェックポイント▶　3つの辺の長さが異なる箱の形では，同時に見ることができる 3つの面はそれぞれちがった形の長方形になります。

● 21日 42～43 ページ

① 3　② 5　③ 15　④ 15本

1 ① 2　② 5　③ 10　④ 10こ

2 (しき) 4×3＝12　　　　　（答え）12こ

3 (しき) 5×3＝15　　　　　（答え）15こ

4 (しき) 6×3＝18　　　　　（答え）18こ

5 (しき) 4×5＝20　　　　　（答え）20人

6 (しき) 3×8＝24　　　　　（答え）24さつ

7 (しき) 4×7＝28　　　　　（答え）28人

指導の手引き

1 「同じ数がいくつあるか」を題材にしてかけ算を学びます。（同じ数ずつ）×（いくつ分）の順

序を守って式をつくることを身につけます。文章から「同じ数のものは何か」「それがいくつ分あるか」を読みとることが大切です。問題文に出てきた数字を順番にかけると答えが出ることが多いですが，機械的な作業にならないように注意しましょう。はじめは「何がいくつある？」「2こずつのりんごが5つ分ある」のように，簡単な発問とその答えで確認するとよいでしょう。

ᐊ**チェックポイント**▶ （同じ数ずつ）×（いくつ分）の順にかけ算の式をつくります。

2 みかんが4こずつ，3つ分あるので，4×3のかけ算になります。×の記号の前の数を「かけられる数」，うしろの数を「かける数」といいます。

3 ケーキが1はこに5こずつ，3はこ分あるので，式は5×3になります。問題文の「3はこ」が3つ分のことを表しますが，4，5のように「3さら」「5そう」のようにものによって言い方が変わることに注意します。

6 3さつずつ，8人に配るのでノートが「3さつずつが8つ分ある」ことになります。式は3×8になります。

7 4人ずつが7つ分あると考えます。

● **22日 44～45 ページ**
①6 ②54 ③7 ④63 ⑤9 ⑥9こ
1 4
2 7×3
3 2×9，9×2，3×6，6×3
（じゅんばんが入れかわっても正かいです。）
4 ⑴ⓐ36 ⓒ42 ⑵ⓘ5×8 ⓔ6×9
5 （しき）7×6=42 （答え）42こ
6 （しき）5×7=35 （答え）35m

指導の手引き
1 4×6と4×7の答えの数について考えます。かけられる数はどちらも4です。かける数が6から7に1増えると，答えは4（かけられる数）だけ増えます。

ᐊ**チェックポイント**▶ かける数が1増えると答えはかけられる数と同じだけ増えます。

2 かけ算でかけられる数とかける数を入れかえて計算しても答えが変わらないことは，おはじきの並びを変えることで説明できます。（たて3）×（横7）に並べたおはじきを，（たて7）×（横3）に変えて見せます。

3 2の段，3の段の順でさがします。2×9を見つけたら，数を入れかえた9×2も答えになります。

4 九九の表は，右に1進むとかける数が1増えています。九九の答えのいちばん上の行の数が24→28→32と4ずつ増えているので，この段は4の段であることがわかります。

⑴ⓐは，32から4増えた数です。ⓒは，表が上から4の段，5の段，6の段になっていることから考えます。

⑵ⓘは5の段なので，5×8です。ⓔは6の段で，かける数が9のかけ算です。

5 ●が7このかたまりをそれぞれ線で囲うと，6つあります。式は，7×6になります。

6 「倍」は同じものがいくつ分あるかを表すので，かけ算の考えです。5mの木をたてに7つ並べることと同じ意味になります。

● **23日 46～47 ページ**
①4 ②32 ③52 ④52円
1 ①3 ②5 ③15
④15 ⑤4 ⑥19 ⑦19こ
2 （しき）7×6=42 42+5=47
（答え）47まい
3 （しき）6×8=48 48-40=8
（答え）8こ
4 （しき）8×9=72 72-50=22
（答え）22円
5 （しき）4×7=28 30-28=2
（答え）2さつ
6 （しき）6×9=54 70-54=16
（答え）16本

指導の手引き
1 りんごの全部の数は，さらにのせた数と残りの数の合計です。さらにのせた数は「3こずつが5つ分」なので，かけ算で求めます。かけ算の答えと残りの「4こ」をあわせて全部の数にな

ります。

2 「7まいずつの6つ分」と「5まい」の合計を求めます。

3 先にかけ算で全部のいちごの数を求めます。次に全部の数から食べた数をひきます。

5 問題文には30さつ，4さつ，7人の順に式に使う数が出てきますが，2年生ではこの順番通りに数を使った式はつくれません。
まず答えを出すためのすじ道を考えます。
・求めるのは残りの数で，全部の数から配った数をひき算する。
・配った数はかけ算で求める。
このようにすじ道を立てて，配った数を求めるかけ算の式を先につくることを理解させます。

✦チェックポイント✦ 答えを出すすじ道を考えてから式をつくります。

6 5と同様に，答えを出すすじ道を考えてから式をつくります。先に花束に使った花の数をかけ算で求め，全部の数からひきます。

● 24日 48〜49ページ
①3210 ②1023 ③2013
④5 ⑤3 ⑥4

1 (1)7531 (2)3157

2
```
  1[3]4
-  7[6]
  [5]8
```

3
```
  5[6]
+[8]7
 1[4][3]
```

4 (1)①9 ②36 ③3 ④12 ⑤48
　　（①3 ②12 ③9 ④36 でも正かいです。）
　(2)⑥8 ⑦6 ⑧48

5 （しき）7×9=63　151−63=88
　　　　　　　　　　　　（答え）88わ

|指導の手引き|

1 (1)千の位にいちばん大きい数の7，百の位に2番目に大きい数の5，…のように並べます。
(2)3000から始まる数でいちばん小さい数をつくります。千の位に3を選び，残りの1，5，7を百の位から小さい順に並べます。

✦チェックポイント✦ 数字を並べて数をつくる問題では，上の位の数から考えます。

2 一の位の数から考えます。4から□をひいて8になるので，くり下がりの計算14−6の結果であることに気がつくことがポイントです。残った数の3と5を十の位にあてはめ，正しい計算になるほうを答えます。

3 右上の□に3，4，6，8を順にあてはめると，ここに入る数が6しかないことがわかります。3+7=10なので，右下の□が0，4+7=11なので，右下の□が1となり，0や1は使えないので，3，4は入らない。右上が6，右下が3として，残りの4と8を十の位にあてはめて正しいほうを答えます。

4 はじめの図の説明から，たてがかけられる数，横がかける数であることがわかります。図にあうように式をつくります。

● 25日 50〜51ページ
① （しき）5×6=30　　　　　　（答え）30人
② （しき）8×4=32　　　　　　（答え）32cm
③ ①48 ②54 ③6 ④60 ⑤66 ⑥72
④ （しき）4×7=28　　　　　　（答え）28こ
⑤ （しき）8×7=56　65−56=9
　　　　　　　　　　　　（答え）9cm
⑥ （しき）3×6=18　　　　　　（答え）18dL

⑦
```
  1[2]0
-  8[4]
  [3]6
```

⑧ (1)5310 (2)1530

|指導の手引き|

2 正方形のまわりの長さは，使ったひごの長さと同じです。8cmの4つ分なので，8×4の計算で求められます。

3 かける数が1増えると答えはかけられる数と同じだけ増えます。6×10の答えは6×9の答えの54から6増えて，60になります。

4 ●が4このかたまりが7つあります。

5 2つの式をつくります。切り取った7本のリボンの長さを求めて，はじめの長さからひきます。

6 3dLの6倍なので，3dLの6つ分です。

⑦ 一の位の数から考えます。0から□をひいて6になるので，くり下がりの計算 10−4=6 の結果であることがわかり，一の位の□は4，ひく数は 84 です。残った数2と3を十の位にあてはめると 120−84=36 が正しい計算になります。

⑧ (1)千の位にいちばん大きい5，百の位に2番目に大きい3，…のように順に並べます。
(2)1000 から始まる数で，いちばん大きい数をつくります。千の位の数は1で，1□□□。百の位には残りの0，3，5の中でいちばん大きい5を選んで，15□□。このように大きい位の数から問題にあうように順に数を選びます。

● 26日 52〜53ページ
①35 ②19 ③16
1 ①はじめの　まい数
　②12まい　③のこりの　14まい
2 (1)①40　②13
　(2)(しき) 40−13=27　　　（答え）27こ
3
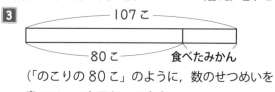
（「のこりの80こ」のように，数のせつめいを書いていても正かいです。）
　（しき）107−80=27　　（答え）27こ
4
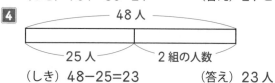
　（しき）48−25=23　　　（答え）23人

指導の手引き
1 妹に 12 枚あげると残りは 14 枚になることを，テープ図で表しています。はじめの数はたし算で求められますが，文章で書かれた数の関係を図で表現する方法を身につけましょう。ものごとを簡潔に表現することは，人に自分の考えを伝えたり，違った視点からものごとを見るときに役立ちます。算数では，文章で書かれた数量の関係を式に表したり，グラフや図を使って表現することでその力を習得します。
2 「はじめにもっていたおはじき」と「買ってきた13こ」の合計が 40 個なので，それぞれのテープを横に並べて表現します。

チェックポイント 数の大きさをテープの長さで表します。

3 問題文から数を抜き出して図にあてはめます。「107こ」は全部の数なので，テープ全体の長さで表します。
4 1組の人数の 25 人と，2組の人数をあわせると 48 人になります。48 人が全部の数で，テープ全体の長さで表します。

● 27日 54〜55ページ
①ぜんぶ　□こ　②弟　16こ
③たかし　27こ
④16　⑤27　⑥43　⑦43こ
1 ①□円　②75円　③45円
2 (1)①□こ　②12こ　③26こ
　(2)(しき) 12+26=38　　（答え）38こ
3
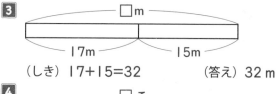
　（しき）17+15=32　　（答え）32 m
4
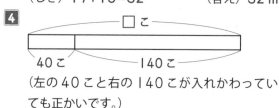
（左の40こと右の140こが入れかわっていても正かいです。）
　（しき）40+140=180　　（答え）180こ

指導の手引き
1 問題文に出てくる3つの数量のうち，1つが未知数になっています。わからないものを目に見える形で表す方法として，□を用います。□を使って3つの数量の関係を表すことで，問題文を離れて図や式を手がかりとして考えを進めることができます。
　はじめに持っていたお金が□円，75円のノートを買った残りが 45 円なので，テープ全体が□円にあたります。
2 12 個食べた残りが 26 個なので，□は2つの数の合計にあたります。合計の数は，テープ全体の長さで表します。

<チェックポイント> 問題文の意味にあわせて，わかっている数と□とした数を図の中に表していきます。

4 テープの適当な位置に弟にあげた40個と残りの140個を分ける区切り線を入れます。左右の入れ替えが可能です。ことばの修飾に細かくこだわる必要はありません。

● 28日 56～57ページ
(1)①29台 ②□台 ③12台
(2)④29 ⑤12 ⑥17 ⑦17台
1 ①30人 ②16人 ③□人
2 ①64ページ ②□ページ ③25ページ
 （しき）64−25=39 （答え）39ページ
3

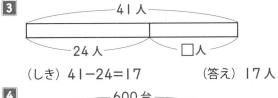

 （しき）41−24=17 （答え）17人
4

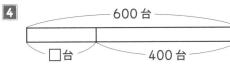

 （しき）600−400=200 （答え）200台

指導の手引き
1 左の選択肢の16人ははじめに公園にいた子どもの数，30人は増えたあとの全部の数，□人はあとから来た子どもの数です。問題文の子どもの数の移り変わりを読み取りながら，順にテープ図にかき入れます。
2 64ページは本全部のページ数なので，テープ全体の長さで表します。□ページ読んだ残りが25ページなので，それらが2つのテープで表されています。テープ図が完成したら，それをもとに式をつくります。

<チェックポイント> テープ図から□を求める式をつくります。□がテープ全体の数ならたし算の式，□がテープの一方の数なら全体からもう一方の数をひくひき算の式をつくります。

4 港で降ろした□台と400台を分ける区切り線を入れます。全部の数が600台なので区切り線は片寄ったところに入ります。テープ図から

式をつくるのが目的なので，数の大小が入れかわらない程度に注意しましょう。

● 29日 58～59ページ
①− ②11 ③11ぴき
1 ①+ ②76 ③76本
2 (1)①160 ②80
 (2)（しき）160−80=80 （答え）80円
3 ①きのう ②23こ ③7こ
 （しき）23+7=30 （答え）30こ
4 （しき）75+14=89 （答え）89cm

指導の手引き
1 2つの数量の差をテープ図を使って表します。文章から2つの数の大小の関係（どちらが大きいか小さいか）をつかむこともできますが，テープ図をかいて目に見える形で大小関係を表現することを学びます。「赤い花は56本で，白い花より20本少ない」ことから，白い花のほうが数が多く，テープが長くなります。長さの差の部分に「20本」と数のちがいを書き，式をつくる手がかりとします。

<チェックポイント> テープの長さの差が数のちがいを表しています。

3 問題文の「7こ少ない」という表現から，ひき算の式をつくってしまいがちです。テープ図をかくようにすると，テープの長さをどれくらいにするか決めるときに数の大小関係を意識するので，ミスが少なくなります。
4 テープ図を自分の力で全部かけることを目標にします。どのようにかけばよいかわからないようであれば，はじめに下の絵だけをかいて見せて，続きをかいてみるようにさせましょう。

　　　　　　 ? cm
赤 [_____]

1問1問きちんと仕上げることでコツがつかめるようになります。余力があれば1～3も問題文だけを見て，図をかく練習をしましょう。

● 30日 60～61ページ
1 (1)①□さつ ②16さつ ③5さつ

(2)(しき) 16+5=21　　　　　（答え）21 さつ

② ①23 わ　②13 わ　③□わ
　　（しき） 23-13=10　　　　（答え）10 わ

③ ①25 こ　②7 こ
　　（しき） 25+7=32　　　　（答え）32 こ

④ ①50 さつ　②23 さつ　③□さつ
　　（しき） 50-23=27　　　　（答え）27 さつ

⑤ （しき） 124-28=96　　　　（答え）96 円

指導の手引き

① 問題文は「16 人に 1 さつずつくばると，5 さつのこる」と書かれています。16 は人数を表しています。16 人に 1 冊ずつ配るので，配ったノートは 16 冊になります。テープ図はノートの数を表しているので「16 さつ」と書き入れます。あわせた数が□で表されているので，たし算の式をつくります。

③ 2 つの数のちがいがテープ図で表されています。図をよく見て，かおるさんのおはじきの数を求める計算がたし算かひき算かを考えます。

④ あわせる数の一方が□で表されています。テープ図から□の数を求める計算はひき算であることがわかります。

チェックポイント　テープ図の中の□の位置によって，□を求める式がたし算かひき算かを判断します。

⑤ 2 つの数のちがいを考える問題です。テープ図をかいて考えるようにしましょう。

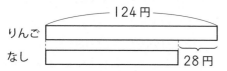

● **しんきゅうテスト 62〜64 ページ**

① （しき） 3×9=27　　　　　（答え）27 こ
② （しき） 120-74=46　　　　（答え）46 さつ
③ （しき） 95+37=132　　　　（答え）132 こ
④ 4 時間 20 分
⑤ あ，か
⑥ （しき） 40+(36-23)=53　　（答え）53 人
　　（しきは 40-23+36=53 でも正かいです。）
⑦ （しき） 7×3=21　　25-21=4
　　　　　　　　　　　　　　（答え）4 日

⑧ 正方形
⑨ あ，う，え
⑩ （しき） 6 L 5 dL-2 L 7 dL=3 L 8 dL
　　　　　　　　　　　　（答え）3 L 8 dL
⑪
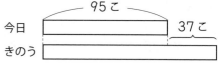

指導の手引き

① 「同じ数のいくつ分」と考えます。3 こが 9 本分あるので，式は 3×9 になります。

③ 2 つの数のちがいを考えます。58 ページを参考にして，テープ図をかいて解きましょう。

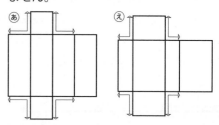

④ 10 時 40 分から 11 時までの時間が 20 分，短い針が 11 時から 3 時まで動くのに 4 時間かかるので，あわせて 4 時間 20 分です。バスに乗っていた時間を午前と午後に分けて，正午までの時間が 1 時間 20 分，午後が 3 時間であわせて 4 時間 20 分と考えることもできます。

⑤ 組み立てたときに重なる辺や向かいあう 2 つの面の形に目をつけます。辺の長さについて，3 つの面が集まって直角をつくっているところの 2 辺は組み立てたときに重なります。この長さが同じかどうか調べると，箱の形にならないものを見分けることができます。
あは直角をつくる 2 つの辺が同じ長さです。えは長さがちがうので，組み立てたときに重なりません。

⑥ 23 人降りて 36 人乗ったので，13 人増えます。はじめ 40 人乗っているので，答えは 53 人です。

⑦ 2 つの式をつくる問題です。先に 3 週間は何日か求めて，工事にかかった 25 日からひきます。

⑧ 斜めに折ってとなりあう 2 辺を重ねています。

たての辺の長さを横の辺にうつし，その位置で切ると，たてと横が同じ長さになります。

9 ⓐとⓒは，もとの長方形や正方形の直角のかどがそのまま三角形のかどになるので，直角三角形ができます。ⓑとⓔは4つの三角形になります。ⓑはもとの長方形の直角のかどを2つに切っていて，まん中にできたかども直角ではありません。ⓔはまん中にできたかどが直角になっています。

10 5 dL から 7 dL がひけないので，ひかれる数 6 L 5 dL を 5 L と 1 L 5 dL に分けます。

5 L−2 L＝3 L，1 L 5 dL は 15 dL になおしてから 15 dL−7 dL＝8 dL と計算します。

11 答えの十の位の□に7を入れると，一の位に6と8が入りません（106−38，108−36 のどちらを計算しても答えが 79 になりません）。十の位の□がくり下がりの計算で6になったと考えます。一の位に7と8をあてはめて，正しい計算になるかどうか調べます。あてはめ方は2とおり（107−38 と 108−37）しかないので，どちらも計算して答えが 69 になるほうをさがします。